Addition

1) 63 + 61
2) 55 + 4
3) 38 + 34
4) 3 + 3
5) 8 + 47

6) 22 + 5
7) 11 + 7
8) 59 + 35
9) 89 + 8
10) 89 + 28

11) 80 + 51
12) 30 + 18
13) 53 + 95
14) 47 + 53
15) 41 + 56

16) 37 + 41
17) 76 + 54
18) 48 + 80
19) 9 + 66
20) 75 + 56

21) 86 + 30
22) 15 + 19
23) 18 + 91
24) 99 + 35
25) 61 + 15

26) 95 + 55
27) 62 + 54
28) 54 + 1
29) 84 + 88
30) 56 + 72

31) 39 + 22
32) 25 + 11
33) 32 + 80
34) 53 + 85
35) 22 + 18

36) 45 + 40
37) 79 + 97
38) 7 + 31
39) 42 + 45
40) 34 + 29

Addition

1) 53 + 61
2) 36 + 79
3) 23 + 79
4) 98 + 4
5) 72 + 20

6) 42 + 52
7) 15 + 45
8) 22 + 18
9) 38 + 26
10) 50 + 77

11) 2 + 74
12) 28 + 80
13) 23 + 8
14) 15 + 84
15) 92 + 67

16) 22 + 70
17) 76 + 37
18) 74 + 87
19) 97 + 81
20) 63 + 77

21) 37 + 28
22) 3 + 55
23) 6 + 99
24) 28 + 91
25) 4 + 50

26) 63 + 52
27) 11 + 29
28) 81 + 88
29) 6 + 12
30) 29 + 57

31) 40 + 70
32) 65 + 83
33) 52 + 80
34) 54 + 40
35) 73 + 14

36) 23 + 10
37) 33 + 28
38) 13 + 98
39) 85 + 35
40) 3 + 57

Addition

1) 97 + 95
2) 40 + 75
3) 22 + 48
4) 15 + 30
5) 48 + 12

6) 26 + 78
7) 76 + 49
8) 30 + 31
9) 51 + 34
10) 86 + 39

11) 29 + 74
12) 85 + 39
13) 34 + 64
14) 7 + 8
15) 47 + 99

16) 27 + 23
17) 69 + 81
18) 13 + 88
19) 78 + 94
20) 76 + 52

21) 83 + 16
22) 42 + 54
23) 5 + 79
24) 71 + 12
25) 46 + 24

26) 14 + 18
27) 5 + 66
28) 87 + 80
29) 11 + 70
30) 24 + 13

31) 5 + 20
32) 85 + 78
33) 23 + 7
34) 40 + 60
35) 86 + 82

36) 67 + 65
37) 65 + 44
38) 99 + 3
39) 96 + 17
40) 73 + 62

Addition

1) 95 + 52
2) 53 + 94
3) 50 + 80
4) 89 + 27
5) 46 + 66

6) 16 + 20
7) 18 + 3
8) 72 + 37
9) 16 + 69
10) 67 + 6

11) 91 + 48
12) 82 + 19
13) 20 + 11
14) 97 + 18
15) 99 + 91

16) 48 + 95
17) 90 + 53
18) 91 + 72
19) 40 + 38
20) 23 + 30

21) 48 + 30
22) 6 + 78
23) 90 + 53
24) 92 + 26
25) 98 + 86

26) 72 + 48
27) 59 + 52
28) 95 + 9
29) 99 + 22
30) 65 + 2

31) 62 + 70
32) 69 + 30
33) 25 + 44
34) 65 + 34
35) 64 + 14

36) 58 + 7
37) 6 + 69
38) 85 + 61
39) 1 + 27
40) 43 + 50

Addition

1) 2 + 7
2) 36 + 67
3) 67 + 21
4) 62 + 68
5) 49 + 40
6) 22 + 8
7) 29 + 64
8) 91 + 91
9) 69 + 7
10) 40 + 71
11) 24 + 28
12) 35 + 37
13) 61 + 17
14) 34 + 7
15) 12 + 52
16) 8 + 43
17) 67 + 78
18) 98 + 30
19) 11 + 98
20) 65 + 42
21) 97 + 41
22) 81 + 2
23) 79 + 35
24) 85 + 80
25) 78 + 80
26) 14 + 12
27) 35 + 90
28) 84 + 16
29) 95 + 19
30) 31 + 80
31) 98 + 71
32) 56 + 22
33) 76 + 93
34) 14 + 5
35) 12 + 37
36) 12 + 18
37) 3 + 5
38) 78 + 84
39) 42 + 55
40) 1 + 4

Addition

1) 72 + 8
2) 80 + 36
3) 5 + 64
4) 47 + 12
5) 44 + 32

6) 72 + 81
7) 70 + 56
8) 93 + 86
9) 19 + 82
10) 32 + 29

11) 67 + 76
12) 63 + 81
13) 60 + 31
14) 57 + 12
15) 85 + 61

16) 68 + 13
17) 55 + 99
18) 25 + 85
19) 70 + 45
20) 51 + 94

21) 92 + 54
22) 74 + 99
23) 81 + 15
24) 56 + 36
25) 20 + 71

26) 63 + 21
27) 92 + 49
28) 73 + 19
29) 62 + 35
30) 24 + 39

31) 75 + 18
32) 45 + 33
33) 66 + 31
34) 13 + 61
35) 51 + 14

36) 84 + 62
37) 47 + 77
38) 60 + 46
39) 33 + 98
40) 5 + 12

Addition

1) 34 + 36
2) 63 + 76
3) 55 + 98
4) 37 + 73
5) 82 + 43

6) 8 + 79
7) 16 + 1
8) 24 + 36
9) 12 + 48
10) 60 + 9

11) 74 + 52
12) 84 + 46
13) 38 + 20
14) 39 + 23
15) 86 + 55

16) 41 + 64
17) 33 + 93
18) 93 + 69
19) 51 + 46
20) 21 + 61

21) 10 + 69
22) 24 + 84
23) 3 + 95
24) 39 + 56
25) 59 + 68

26) 48 + 98
27) 48 + 30
28) 45 + 89
29) 32 + 60
30) 74 + 74

31) 41 + 5
32) 61 + 94
33) 18 + 98
34) 55 + 8
35) 43 + 24

36) 23 + 97
37) 81 + 16
38) 69 + 95
39) 54 + 79
40) 12 + 59

Addition

1) 73 + 30
2) 49 + 98
3) 94 + 7
4) 81 + 79
5) 62 + 2

6) 43 + 83
7) 20 + 7
8) 65 + 72
9) 62 + 42
10) 85 + 61

11) 51 + 32
12) 19 + 52
13) 31 + 8
14) 59 + 68
15) 51 + 3

16) 85 + 27
17) 58 + 33
18) 9 + 22
19) 58 + 26
20) 52 + 29

21) 33 + 11
22) 6 + 33
23) 92 + 57
24) 18 + 37
25) 75 + 28

26) 60 + 63
27) 60 + 44
28) 78 + 48
29) 62 + 1
30) 40 + 1

31) 38 + 70
32) 66 + 8
33) 34 + 20
34) 69 + 83
35) 94 + 31

36) 24 + 49
37) 41 + 16
38) 46 + 88
39) 14 + 55
40) 84 + 84

Addition

1) 15 + 14
2) 1 + 9
3) 56 + 94
4) 66 + 84
5) 76 + 87

6) 74 + 12
7) 38 + 39
8) 82 + 42
9) 77 + 74
10) 30 + 62

11) 95 + 95
12) 81 + 49
13) 65 + 74
14) 76 + 18
15) 37 + 49

16) 30 + 73
17) 55 + 91
18) 99 + 68
19) 11 + 69
20) 99 + 72

21) 5 + 10
22) 62 + 79
23) 40 + 75
24) 58 + 65
25) 22 + 77

26) 18 + 94
27) 52 + 63
28) 1 + 7
29) 88 + 7
30) 87 + 84

31) 9 + 96
32) 36 + 25
33) 76 + 5
34) 24 + 39
35) 52 + 90

36) 25 + 86
37) 6 + 64
38) 90 + 4
39) 93 + 17
40) 20 + 77

Addition

1) 86 + 37
2) 56 + 47
3) 97 + 26
4) 73 + 80
5) 90 + 19

6) 89 + 19
7) 72 + 64
8) 54 + 92
9) 23 + 81
10) 4 + 63

11) 2 + 66
12) 99 + 3
13) 85 + 16
14) 63 + 31
15) 87 + 82

16) 31 + 54
17) 6 + 41
18) 95 + 72
19) 58 + 51
20) 43 + 74

21) 34 + 44
22) 11 + 83
23) 97 + 22
24) 71 + 57
25) 12 + 87

26) 71 + 85
27) 49 + 52
28) 77 + 75
29) 31 + 85
30) 38 + 72

31) 70 + 5
32) 71 + 35
33) 25 + 22
34) 23 + 35
35) 57 + 30

36) 28 + 60
37) 38 + 15
38) 32 + 51
39) 55 + 18
40) 64 + 84

Addition

1) 82 + 79
2) 43 + 76
3) 27 + 87
4) 74 + 48
5) 58 + 68
6) 25 + 30
7) 89 + 57
8) 48 + 21
9) 78 + 33
10) 65 + 5
11) 10 + 59
12) 46 + 45
13) 23 + 49
14) 99 + 66
15) 47 + 79
16) 55 + 51
17) 19 + 5
18) 56 + 15
19) 45 + 94
20) 41 + 2
21) 36 + 62
22) 27 + 54
23) 85 + 46
24) 90 + 28
25) 29 + 77
26) 51 + 7
27) 65 + 67
28) 44 + 60
29) 41 + 87
30) 26 + 49
31) 56 + 45
32) 93 + 41
33) 93 + 15
34) 89 + 32
35) 48 + 33
36) 85 + 95
37) 10 + 80
38) 19 + 86
39) 1 + 35
40) 62 + 92

Addition

1) 2 + 61
2) 73 + 98
3) 80 + 85
4) 2 + 61
5) 90 + 46

6) 38 + 85
7) 38 + 92
8) 47 + 19
9) 44 + 46
10) 89 + 74

11) 96 + 42
12) 42 + 49
13) 25 + 16
14) 99 + 18
15) 55 + 15

16) 37 + 93
17) 2 + 7
18) 4 + 14
19) 98 + 57
20) 91 + 42

21) 48 + 74
22) 70 + 91
23) 84 + 10
24) 20 + 58
25) 64 + 62

26) 65 + 88
27) 28 + 99
28) 87 + 31
29) 11 + 79
30) 5 + 52

31) 63 + 12
32) 29 + 40
33) 93 + 74
34) 98 + 69
35) 76 + 53

36) 47 + 75
37) 59 + 53
38) 42 + 60
39) 7 + 40
40) 70 + 67

Addition

1) 60 + 87
2) 39 + 80
3) 25 + 31
4) 76 + 59
5) 63 + 41

6) 54 + 41
7) 51 + 83
8) 48 + 9
9) 83 + 20
10) 6 + 90

11) 1 + 11
12) 84 + 8
13) 51 + 9
14) 39 + 77
15) 43 + 34

16) 94 + 40
17) 16 + 49
18) 2 + 91
19) 6 + 11
20) 34 + 30

21) 64 + 24
22) 71 + 2
23) 49 + 55
24) 24 + 85
25) 72 + 62

26) 70 + 28
27) 42 + 13
28) 80 + 80
29) 74 + 59
30) 74 + 26

31) 38 + 57
32) 67 + 41
33) 34 + 87
34) 95 + 66
35) 34 + 61

36) 75 + 30
37) 7 + 51
38) 20 + 25
39) 23 + 52
40) 3 + 60

Addition

1) 28 + 82

2) 93 + 37

3) 85 + 94

4) 12 + 1

5) 69 + 78

6) 58 + 90

7) 51 + 1

8) 83 + 48

9) 28 + 84

10) 22 + 13

11) 41 + 86

12) 68 + 31

13) 26 + 26

14) 2 + 1

15) 26 + 95

16) 72 + 25

17) 31 + 69

18) 70 + 32

19) 68 + 88

20) 42 + 64

21) 55 + 66

22) 41 + 50

23) 73 + 47

24) 89 + 32

25) 51 + 11

26) 72 + 44

27) 34 + 10

28) 57 + 45

29) 7 + 87

30) 41 + 76

31) 42 + 3

32) 48 + 51

33) 4 + 39

34) 97 + 13

35) 38 + 69

36) 4 + 22

37) 26 + 31

38) 73 + 64

39) 18 + 69

40) 12 + 68

Addition

1) 4 + 44
2) 96 + 70
3) 67 + 78
4) 22 + 31
5) 95 + 46
6) 94 + 37
7) 43 + 26
8) 57 + 78
9) 47 + 16
10) 2 + 76
11) 71 + 95
12) 67 + 39
13) 8 + 19
14) 11 + 56
15) 46 + 61
16) 44 + 30
17) 56 + 15
18) 69 + 96
19) 61 + 66
20) 74 + 98
21) 22 + 22
22) 45 + 64
23) 65 + 40
24) 19 + 99
25) 2 + 26
26) 26 + 78
27) 87 + 31
28) 2 + 63
29) 30 + 87
30) 74 + 4
31) 57 + 15
32) 47 + 55
33) 50 + 17
34) 21 + 82
35) 37 + 94
36) 82 + 52
37) 98 + 85
38) 3 + 32
39) 63 + 25
40) 99 + 1

Addition

1) 421 + 376
2) 95 + 365
3) 20 + 576
4) 113 + 522
5) 493 + 777

6) 462 + 175
7) 123 + 946
8) 469 + 103
9) 373 + 191
10) 749 + 508

11) 948 + 47
12) 582 + 921
13) 39 + 907
14) 746 + 424
15) 37 + 957

16) 235 + 954
17) 354 + 491
18) 411 + 413
19) 306 + 632
20) 961 + 694

21) 595 + 133
22) 777 + 545
23) 890 + 764
24) 813 + 504
25) 511 + 97

26) 953 + 402
27) 289 + 108
28) 499 + 377
29) 275 + 262
30) 333 + 925

31) 343 + 924
32) 506 + 973
33) 786 + 82
34) 116 + 682
35) 86 + 230

36) 638 + 852
37) 582 + 605
38) 473 + 834
39) 360 + 7
40) 720 + 630

Addition

1) 296 + 568
2) 425 + 994
3) 100 + 942
4) 384 + 578
5) 751 + 928

6) 654 + 722
7) 386 + 96
8) 756 + 64
9) 373 + 629
10) 766 + 856

11) 691 + 653
12) 604 + 552
13) 296 + 866
14) 472 + 476
15) 113 + 341

16) 869 + 694
17) 722 + 126
18) 764 + 977
19) 952 + 615
20) 706 + 678

21) 820 + 331
22) 566 + 176
23) 454 + 954
24) 399 + 95
25) 243 + 423

26) 245 + 867
27) 87 + 556
28) 218 + 866
29) 112 + 802
30) 367 + 690

31) 576 + 588
32) 719 + 615
33) 391 + 435
34) 689 + 989
35) 786 + 688

36) 402 + 339
37) 583 + 785
38) 88 + 824
39) 489 + 84
40) 21 + 444

Addition

1) 162 + 928
2) 875 + 33
3) 701 + 534
4) 296 + 719
5) 142 + 173

6) 806 + 84
7) 748 + 848
8) 105 + 973
9) 829 + 565
10) 753 + 848

11) 267 + 335
12) 480 + 731
13) 581 + 379
14) 467 + 841
15) 903 + 920

16) 99 + 397
17) 294 + 977
18) 512 + 679
19) 680 + 448
20) 756 + 273

21) 474 + 257
22) 812 + 649
23) 202 + 30
24) 602 + 643
25) 209 + 301

26) 545 + 852
27) 460 + 824
28) 833 + 654
29) 55 + 926
30) 186 + 420

31) 740 + 567
32) 858 + 548
33) 989 + 787
34) 231 + 8
35) 355 + 700

36) 407 + 725
37) 761 + 793
38) 464 + 528
39) 598 + 497
40) 138 + 760

Addition

1) 213 + 919
2) 795 + 926
3) 407 + 26
4) 984 + 510
5) 196 + 627

6) 396 + 828
7) 301 + 626
8) 701 + 488
9) 159 + 310
10) 177 + 475

11) 57 + 679
12) 443 + 84
13) 498 + 266
14) 504 + 124
15) 733 + 807

16) 392 + 251
17) 89 + 44
18) 105 + 940
19) 516 + 917
20) 278 + 97

21) 3 + 668
22) 302 + 785
23) 11 + 278
24) 123 + 224
25) 529 + 78

26) 97 + 328
27) 895 + 763
28) 76 + 944
29) 707 + 353
30) 720 + 185

31) 766 + 793
32) 113 + 125
33) 405 + 321
34) 795 + 178
35) 736 + 46

36) 377 + 899
37) 332 + 713
38) 363 + 296
39) 469 + 258
40) 567 + 830

Addition

1) 718 + 732
2) 590 + 241
3) 71 + 725
4) 448 + 678
5) 114 + 642

6) 614 + 914
7) 717 + 331
8) 42 + 409
9) 603 + 271
10) 349 + 377

11) 896 + 246
12) 466 + 174
13) 389 + 56
14) 380 + 859
15) 446 + 118

16) 900 + 899
17) 18 + 899
18) 144 + 876
19) 130 + 589
20) 714 + 878

21) 135 + 223
22) 35 + 45
23) 491 + 474
24) 113 + 616
25) 585 + 403

26) 309 + 135
27) 519 + 11
28) 978 + 161
29) 562 + 630
30) 490 + 465

31) 127 + 931
32) 680 + 281
33) 51 + 789
34) 52 + 451
35) 140 + 174

36) 418 + 521
37) 26 + 522
38) 1 + 534
39) 566 + 131
40) 10 + 885

Addition

1) 271 + 832
2) 197 + 302
3) 10 + 243
4) 655 + 793
5) 447 + 299

6) 136 + 580
7) 26 + 934
8) 300 + 701
9) 639 + 768
10) 746 + 538

11) 213 + 905
12) 254 + 467
13) 564 + 263
14) 110 + 100
15) 468 + 358

16) 599 + 838
17) 753 + 481
18) 37 + 689
19) 542 + 244
20) 952 + 310

21) 744 + 998
22) 554 + 457
23) 125 + 47
24) 737 + 240
25) 108 + 707

26) 793 + 873
27) 580 + 4
28) 253 + 524
29) 564 + 472
30) 378 + 334

31) 161 + 660
32) 408 + 645
33) 945 + 20
34) 944 + 972
35) 111 + 52

36) 551 + 260
37) 294 + 808
38) 171 + 204
39) 176 + 113
40) 379 + 859

Addition

1) 108 + 111
2) 428 + 812
3) 776 + 295
4) 676 + 705
5) 693 + 481

6) 148 + 178
7) 412 + 648
8) 725 + 869
9) 297 + 464
10) 376 + 130

11) 895 + 524
12) 360 + 348
13) 931 + 403
14) 618 + 75
15) 41 + 388

16) 307 + 682
17) 793 + 783
18) 849 + 884
19) 511 + 806
20) 87 + 586

21) 629 + 304
22) 930 + 522
23) 706 + 49
24) 383 + 926
25) 854 + 7

26) 312 + 922
27) 778 + 77
28) 207 + 496
29) 900 + 415
30) 852 + 22

31) 270 + 603
32) 247 + 764
33) 54 + 544
34) 754 + 98
35) 40 + 42

36) 170 + 922
37) 729 + 334
38) 26 + 750
39) 206 + 859
40) 599 + 949

Addition

1) 941 + 321
2) 206 + 551
3) 340 + 855
4) 175 + 332
5) 766 + 541

6) 765 + 733
7) 470 + 647
8) 785 + 849
9) 308 + 326
10) 271 + 524

11) 176 + 455
12) 732 + 640
13) 550 + 524
14) 265 + 933
15) 759 + 441

16) 358 + 846
17) 314 + 436
18) 168 + 144
19) 24 + 624
20) 372 + 147

21) 596 + 362
22) 629 + 853
23) 682 + 408
24) 896 + 184
25) 474 + 418

26) 132 + 744
27) 6 + 972
28) 234 + 236
29) 454 + 425
30) 95 + 85

31) 929 + 45
32) 97 + 843
33) 83 + 835
34) 216 + 150
35) 304 + 875

36) 100 + 585
37) 252 + 657
38) 599 + 378
39) 475 + 430
40) 534 + 602

Addition

1) 301 + 17
2) 898 + 27
3) 387 + 253
4) 90 + 624
5) 443 + 143

6) 780 + 444
7) 284 + 429
8) 847 + 802
9) 902 + 428
10) 676 + 511

11) 147 + 133
12) 584 + 229
13) 842 + 768
14) 263 + 530
15) 95 + 123

16) 623 + 473
17) 266 + 280
18) 917 + 204
19) 308 + 339
20) 611 + 490

21) 706 + 720
22) 794 + 877
23) 479 + 780
24) 277 + 201
25) 330 + 767

26) 639 + 556
27) 761 + 814
28) 39 + 943
29) 675 + 534
30) 610 + 727

31) 872 + 737
32) 367 + 247
33) 736 + 156
34) 998 + 278
35) 875 + 620

36) 62 + 340
37) 947 + 742
38) 50 + 405
39) 155 + 856
40) 90 + 427

Addition

1) 551 + 248
2) 107 + 471
3) 10 + 945
4) 113 + 133
5) 42 + 437

6) 20 + 839
7) 873 + 493
8) 461 + 119
9) 620 + 672
10) 424 + 272

11) 842 + 797
12) 10 + 698
13) 23 + 291
14) 479 + 790
15) 535 + 940

16) 490 + 151
17) 909 + 652
18) 937 + 636
19) 880 + 224
20) 251 + 13

21) 930 + 900
22) 245 + 694
23) 68 + 934
24) 80 + 161
25) 542 + 365

26) 970 + 840
27) 46 + 890
28) 549 + 83
29) 364 + 963
30) 738 + 760

31) 841 + 591
32) 864 + 235
33) 822 + 529
34) 297 + 665
35) 784 + 608

36) 474 + 355
37) 441 + 751
38) 51 + 519
39) 748 + 686
40) 128 + 648

Addition

1) 361 + 953
2) 437 + 291
3) 509 + 929
4) 650 + 575
5) 866 + 434

6) 860 + 803
7) 366 + 295
8) 874 + 491
9) 460 + 292
10) 514 + 221

11) 982 + 389
12) 282 + 147
13) 231 + 645
14) 970 + 684
15) 524 + 175

16) 833 + 359
17) 528 + 681
18) 99 + 135
19) 96 + 885
20) 734 + 815

21) 657 + 628
22) 683 + 157
23) 204 + 315
24) 777 + 820
25) 263 + 413

26) 793 + 856
27) 174 + 345
28) 185 + 762
29) 847 + 669
30) 925 + 151

31) 625 + 273
32) 933 + 842
33) 314 + 799
34) 476 + 189
35) 97 + 646

36) 71 + 105
37) 457 + 34
38) 20 + 765
39) 131 + 169
40) 122 + 643

Addition

1) 742 + 677
2) 444 + 939
3) 251 + 330
4) 113 + 298
5) 420 + 502
6) 365 + 893
7) 705 + 841
8) 80 + 497
9) 638 + 673
10) 417 + 399
11) 224 + 176
12) 758 + 42
13) 532 + 105
14) 245 + 574
15) 824 + 397
16) 354 + 714
17) 55 + 66
18) 277 + 462
19) 54 + 779
20) 18 + 167
21) 814 + 840
22) 437 + 555
23) 12 + 479
24) 406 + 395
25) 406 + 698
26) 242 + 31
27) 397 + 924
28) 611 + 826
29) 316 + 143
30) 213 + 808
31) 184 + 405
32) 528 + 474
33) 705 + 225
34) 971 + 548
35) 522 + 792
36) 792 + 270
37) 800 + 98
38) 257 + 7
39) 710 + 178
40) 312 + 954

Addition

1) 622 + 74
2) 926 + 140
3) 476 + 492
4) 322 + 902
5) 930 + 589

6) 525 + 929
7) 355 + 4
8) 28 + 935
9) 490 + 55
10) 849 + 907

11) 808 + 324
12) 998 + 808
13) 23 + 743
14) 66 + 971
15) 959 + 647

16) 557 + 119
17) 744 + 194
18) 189 + 66
19) 543 + 336
20) 345 + 673

21) 883 + 404
22) 784 + 396
23) 28 + 9
24) 445 + 223
25) 663 + 823

26) 857 + 217
27) 901 + 268
28) 205 + 128
29) 594 + 806
30) 307 + 722

31) 509 + 26
32) 75 + 28
33) 827 + 753
34) 528 + 844
35) 50 + 566

36) 496 + 694
37) 990 + 724
38) 213 + 887
39) 677 + 944
40) 17 + 282

Addition

1) 753 + 682
2) 878 + 502
3) 93 + 774
4) 585 + 817
5) 611 + 238
6) 760 + 319
7) 705 + 303
8) 791 + 972
9) 793 + 165
10) 147 + 44
11) 273 + 547
12) 676 + 783
13) 359 + 98
14) 308 + 568
15) 681 + 562
16) 600 + 123
17) 67 + 35
18) 197 + 480
19) 431 + 836
20) 571 + 956
21) 161 + 288
22) 551 + 888
23) 638 + 603
24) 889 + 771
25) 149 + 191
26) 398 + 299
27) 67 + 452
28) 446 + 841
29) 365 + 559
30) 935 + 448
31) 696 + 445
32) 552 + 341
33) 360 + 302
34) 674 + 705
35) 378 + 281
36) 374 + 369
37) 637 + 780
38) 775 + 47
39) 529 + 922
40) 986 + 438

Addition

1) 41 + 23
2) 166 + 962
3) 436 + 63
4) 259 + 756
5) 898 + 240

6) 895 + 314
7) 85 + 876
8) 852 + 695
9) 916 + 517
10) 205 + 58

11) 260 + 711
12) 13 + 975
13) 929 + 208
14) 437 + 511
15) 663 + 206

16) 66 + 577
17) 695 + 702
18) 638 + 707
19) 548 + 828
20) 989 + 755

21) 777 + 819
22) 652 + 99
23) 386 + 356
24) 266 + 221
25) 566 + 501

26) 187 + 833
27) 122 + 790
28) 622 + 779
29) 890 + 981
30) 668 + 963

31) 491 + 475
32) 167 + 712
33) 985 + 329
34) 326 + 310
35) 507 + 81

36) 117 + 635
37) 626 + 501
38) 716 + 449
39) 562 + 228
40) 886 + 355

Subtraction

1) 30 − 9
2) 98 − 71
3) 69 − 38
4) 84 − 77
5) 54 − 4

6) 62 − 1
7) 57 − 29
8) 85 − 82
9) 70 − 44
10) 73 − 71

11) 36 − 17
12) 99 − 34
13) 87 − 49
14) 97 − 96
15) 99 − 73

16) 53 − 24
17) 72 − 70
18) 66 − 18
19) 19 − 17
20) 89 − 59

21) 50 − 34
22) 77 − 29
23) 60 − 40
24) 61 − 1
25) 42 − 11

26) 72 − 43
27) 44 − 23
28) 63 − 53
29) 77 − 38
30) 68 − 25

31) 23 − 11
32) 36 − 11
33) 92 − 30
34) 67 − 41
35) 70 − 31

36) 73 − 62
37) 67 − 43
38) 53 − 24
39) 81 − 25
40) 38 − 20

Subtraction

1) 95 − 18
2) 65 − 62
3) 8 − 5
4) 67 − 24
5) 46 − 15
6) 19 − 15
7) 8 − 5
8) 59 − 20
9) 36 − 22
10) 80 − 63
11) 59 − 20
12) 22 − 12
13) 30 − 3
14) 40 − 31
15) 43 − 17
16) 65 − 28
17) 94 − 58
18) 59 − 51
19) 49 − 16
20) 84 − 65
21) 23 − 6
22) 80 − 75
23) 44 − 42
24) 85 − 1
25) 87 − 45
26) 96 − 8
27) 95 − 19
28) 79 − 7
29) 78 − 53
30) 16 − 16
31) 82 − 55
32) 80 − 77
33) 87 − 44
34) 39 − 14
35) 25 − 20
36) 97 − 9
37) 74 − 74
38) 95 − 77
39) 65 − 20
40) 96 − 74

Subtraction

1) 89 − 34
2) 63 − 24
3) 17 − 4
4) 90 − 8
5) 30 − 18

6) 67 − 56
7) 99 − 34
8) 57 − 28
9) 31 − 18
10) 73 − 1

11) 78 − 40
12) 55 − 48
13) 71 − 32
14) 87 − 6
15) 90 − 6

16) 61 − 45
17) 82 − 69
18) 92 − 33
19) 90 − 5
20) 95 − 89

21) 48 − 4
22) 68 − 22
23) 78 − 58
24) 87 − 12
25) 53 − 37

26) 74 − 46
27) 89 − 62
28) 78 − 1
29) 70 − 35
30) 61 − 46

31) 69 − 4
32) 70 − 27
33) 97 − 24
34) 42 − 26
35) 68 − 53

36) 51 − 2
37) 86 − 80
38) 67 − 5
39) 99 − 61
40) 86 − 72

Subtraction

1) 64 − 49
2) 97 − 8
3) 71 − 40
4) 77 − 15
5) 90 − 88

6) 35 − 6
7) 41 − 41
8) 38 − 11
9) 85 − 57
10) 76 − 16

11) 41 − 4
12) 22 − 13
13) 78 − 21
14) 36 − 34
15) 41 − 6

16) 26 − 25
17) 88 − 42
18) 67 − 24
19) 45 − 28
20) 71 − 20

21) 94 − 35
22) 91 − 3
23) 82 − 8
24) 35 − 9
25) 42 − 4

26) 82 − 34
27) 57 − 47
28) 76 − 24
29) 64 − 30
30) 77 − 30

31) 40 − 11
32) 55 − 2
33) 48 − 8
34) 72 − 28
35) 33 − 24

36) 96 − 31
37) 55 − 13
38) 95 − 94
39) 11 − 10
40) 64 − 38

Subtraction

1) 61 − 50
2) 78 − 2
3) 56 − 11
4) 55 − 54
5) 97 − 30

6) 94 − 24
7) 74 − 21
8) 82 − 41
9) 69 − 23
10) 81 − 61

11) 36 − 27
12) 55 − 16
13) 58 − 31
14) 37 − 3
15) 50 − 3

16) 69 − 20
17) 78 − 71
18) 94 − 61
19) 78 − 50
20) 99 − 97

21) 63 − 38
22) 87 − 77
23) 67 − 26
24) 34 − 33
25) 77 − 35

26) 94 − 79
27) 34 − 29
28) 88 − 62
29) 81 − 68
30) 87 − 3

31) 46 − 39
32) 34 − 29
33) 90 − 78
34) 77 − 40
35) 86 − 15

36) 92 − 82
37) 86 − 11
38) 25 − 12
39) 40 − 34
40) 54 − 46

Subtraction

1) 79 − 17
2) 90 − 32
3) 81 − 43
4) 97 − 60
5) 15 − 2

6) 73 − 47
7) 76 − 16
8) 72 − 56
9) 61 − 28
10) 76 − 11

11) 28 − 4
12) 43 − 3
13) 90 − 21
14) 80 − 2
15) 42 − 3

16) 64 − 34
17) 88 − 34
18) 87 − 71
19) 58 − 30
20) 19 − 17

21) 95 − 17
22) 33 − 33
23) 43 − 13
24) 83 − 79
25) 83 − 26

26) 78 − 18
27) 36 − 19
28) 97 − 54
29) 73 − 30
30) 86 − 40

31) 54 − 4
32) 85 − 62
33) 38 − 13
34) 99 − 30
35) 26 − 19

36) 95 − 41
37) 93 − 75
38) 73 − 56
39) 81 − 65
40) 44 − 9

Subtraction

1) 32 − 4
2) 65 − 5
3) 92 − 45
4) 15 − 10
5) 38 − 22
6) 60 − 1
7) 41 − 11
8) 92 − 85
9) 54 − 36
10) 87 − 12
11) 72 − 35
12) 61 − 41
13) 12 − 10
14) 98 − 54
15) 82 − 76
16) 48 − 16
17) 58 − 58
18) 82 − 26
19) 77 − 31
20) 78 − 54
21) 93 − 54
22) 61 − 13
23) 84 − 74
24) 71 − 30
25) 96 − 89
26) 73 − 43
27) 70 − 57
28) 38 − 29
29) 70 − 2
30) 74 − 27
31) 83 − 69
32) 64 − 1
33) 29 − 3
34) 77 − 28
35) 87 − 55
36) 48 − 41
37) 49 − 34
38) 59 − 11
39) 99 − 16
40) 95 − 63

Subtraction

1) 87 − 26
2) 98 − 58
3) 97 − 26
4) 59 − 45
5) 21 − 5

6) 65 − 11
7) 50 − 39
8) 40 − 24
9) 68 − 4
10) 86 − 28

11) 70 − 14
12) 92 − 90
13) 91 − 44
14) 92 − 43
15) 86 − 47

16) 89 − 52
17) 34 − 34
18) 30 − 7
19) 93 − 27
20) 69 − 1

21) 38 − 35
22) 90 − 18
23) 77 − 48
24) 85 − 19
25) 57 − 35

26) 78 − 73
27) 89 − 2
28) 59 − 26
29) 80 − 32
30) 27 − 23

31) 59 − 31
32) 93 − 58
33) 88 − 15
34) 33 − 24
35) 70 − 46

36) 95 − 7
37) 94 − 4
38) 93 − 17
39) 72 − 42
40) 75 − 36

Subtraction

1) 62 − 44
2) 91 − 3
3) 99 − 18
4) 34 − 22
5) 43 − 19

6) 89 − 68
7) 64 − 29
8) 75 − 53
9) 93 − 81
10) 31 − 28

11) 62 − 30
12) 77 − 68
13) 32 − 16
14) 54 − 28
15) 7 − 5

16) 57 − 11
17) 72 − 6
18) 54 − 27
19) 39 − 11
20) 78 − 49

21) 62 − 25
22) 28 − 6
23) 85 − 16
24) 75 − 51
25) 68 − 19

26) 84 − 41
27) 53 − 3
28) 93 − 79
29) 54 − 40
30) 61 − 33

31) 80 − 1
32) 97 − 78
33) 87 − 70
34) 98 − 38
35) 92 − 15

36) 42 − 27
37) 86 − 82
38) 69 − 33
39) 88 − 55
40) 45 − 23

Subtraction

1) 35 − 25
2) 15 − 14
3) 60 − 56
4) 73 − 66
5) 77 − 27

6) 34 − 7
7) 82 − 17
8) 72 − 8
9) 67 − 7
10) 84 − 16

11) 77 − 56
12) 35 − 9
13) 33 − 24
14) 37 − 27
15) 43 − 10

16) 47 − 8
17) 54 − 30
18) 40 − 14
19) 84 − 43
20) 94 − 14

21) 94 − 89
22) 85 − 83
23) 94 − 63
24) 49 − 10
25) 97 − 97

26) 70 − 10
27) 28 − 23
28) 78 − 12
29) 83 − 20
30) 63 − 5

31) 85 − 7
32) 81 − 20
33) 17 − 15
34) 56 − 43
35) 48 − 30

36) 50 − 42
37) 17 − 8
38) 83 − 50
39) 30 − 4
40) 74 − 51

Subtraction

1) 67 − 50
2) 90 − 36
3) 85 − 50
4) 64 − 19
5) 84 − 36

6) 90 − 25
7) 65 − 39
8) 56 − 30
9) 97 − 74
10) 90 − 65

11) 73 − 28
12) 55 − 44
13) 70 − 46
14) 16 − 7
15) 84 − 79

16) 93 − 76
17) 69 − 19
18) 71 − 17
19) 21 − 2
20) 89 − 84

21) 55 − 50
22) 77 − 15
23) 22 − 3
24) 65 − 22
25) 33 − 2

26) 31 − 8
27) 42 − 3
28) 34 − 20
29) 43 − 12
30) 81 − 81

31) 81 − 24
32) 81 − 13
33) 74 − 39
34) 83 − 2
35) 97 − 7

36) 47 − 4
37) 57 − 22
38) 62 − 49
39) 29 − 21
40) 84 − 81

Subtraction

1) 97 − 21
2) 95 − 19
3) 57 − 8
4) 46 − 17
5) 95 − 82

6) 54 − 46
7) 96 − 80
8) 95 − 56
9) 93 − 43
10) 44 − 23

11) 93 − 93
12) 82 − 81
13) 82 − 79
14) 87 − 68
15) 19 − 14

16) 81 − 12
17) 44 − 32
18) 25 − 7
19) 58 − 57
20) 90 − 32

21) 52 − 45
22) 85 − 1
23) 81 − 32
24) 79 − 65
25) 50 − 2

26) 95 − 79
27) 98 − 61
28) 82 − 26
29) 85 − 13
30) 57 − 54

31) 97 − 86
32) 38 − 10
33) 82 − 54
34) 96 − 30
35) 84 − 9

36) 96 − 13
37) 29 − 29
38) 47 − 42
39) 84 − 8
40) 92 − 52

Subtraction

1) 55 − 25
2) 94 − 52
3) 80 − 52
4) 32 − 2
5) 94 − 13

6) 90 − 19
7) 84 − 30
8) 78 − 42
9) 74 − 19
10) 72 − 39

11) 49 − 44
12) 65 − 20
13) 36 − 20
14) 16 − 7
15) 89 − 73

16) 92 − 91
17) 74 − 14
18) 51 − 44
19) 95 − 73
20) 33 − 29

21) 77 − 66
22) 95 − 10
23) 92 − 24
24) 18 − 8
25) 13 − 4

26) 71 − 70
27) 65 − 16
28) 63 − 11
29) 58 − 6
30) 62 − 22

31) 84 − 77
32) 93 − 44
33) 20 − 13
34) 83 − 18
35) 40 − 22

36) 40 − 18
37) 48 − 23
38) 31 − 29
39) 95 − 76
40) 90 − 87

Subtraction

1) 91 − 41
2) 17 − 1
3) 58 − 18
4) 83 − 30
5) 78 − 63
6) 81 − 41
7) 40 − 28
8) 31 − 28
9) 30 − 11
10) 93 − 51
11) 59 − 42
12) 91 − 26
13) 61 − 33
14) 49 − 48
15) 85 − 48
16) 97 − 85
17) 60 − 51
18) 97 − 27
19) 44 − 39
20) 50 − 37
21) 40 − 40
22) 55 − 42
23) 71 − 1
24) 37 − 19
25) 52 − 21
26) 81 − 80
27) 87 − 75
28) 50 − 10
29) 72 − 38
30) 90 − 24
31) 86 − 34
32) 82 − 64
33) 33 − 5
34) 68 − 25
35) 62 − 42
36) 67 − 29
37) 98 − 91
38) 86 − 68
39) 83 − 44
40) 45 − 45

Subtraction

1) 65 − 11
2) 96 − 64
3) 92 − 16
4) 62 − 27
5) 95 − 73

6) 73 − 61
7) 32 − 21
8) 71 − 56
9) 33 − 33
10) 51 − 34

11) 93 − 31
12) 22 − 14
13) 78 − 15
14) 58 − 19
15) 82 − 32

16) 88 − 77
17) 24 − 5
18) 32 − 26
19) 89 − 37
20) 84 − 48

21) 99 − 91
22) 81 − 42
23) 77 − 35
24) 79 − 60
25) 40 − 32

26) 75 − 34
27) 71 − 17
28) 90 − 89
29) 97 − 43
30) 96 − 30

31) 93 − 35
32) 89 − 61
33) 86 − 66
34) 75 − 33
35) 93 − 56

36) 40 − 13
37) 45 − 22
38) 69 − 34
39) 51 − 33
40) 84 − 27

Subtraction

1) 947 − 489
2) 828 − 493
3) 241 − 226
4) 674 − 183
5) 783 − 673

6) 695 − 192
7) 592 − 528
8) 928 − 509
9) 916 − 11
10) 392 − 115

11) 968 − 726
12) 932 − 495
13) 621 − 28
14) 739 − 86
15) 684 − 519

16) 995 − 428
17) 588 − 164
18) 919 − 100
19) 528 − 525
20) 445 − 177

21) 956 − 868
22) 813 − 489
23) 495 − 286
24) 205 − 2
25) 811 − 493

26) 818 − 11
27) 180 − 5
28) 451 − 218
29) 698 − 385
30) 681 − 118

31) 675 − 86
32) 796 − 779
33) 516 − 314
34) 865 − 484
35) 518 − 303

36) 934 − 359
37) 824 − 722
38) 430 − 189
39) 972 − 441
40) 970 − 72

Subtraction

1) 720 − 417
2) 632 − 81
3) 709 − 238
4) 707 − 8
5) 877 − 48

6) 965 − 486
7) 880 − 593
8) 544 − 455
9) 530 − 320
10) 906 − 397

11) 530 − 272
12) 490 − 178
13) 238 − 134
14) 559 − 530
15) 915 − 299

16) 916 − 644
17) 829 − 133
18) 729 − 417
19) 886 − 399
20) 551 − 353

21) 544 − 484
22) 473 − 296
23) 537 − 370
24) 399 − 318
25) 598 − 470

26) 899 − 409
27) 798 − 503
28) 593 − 296
29) 605 − 172
30) 638 − 11

31) 803 − 200
32) 284 − 205
33) 385 − 171
34) 513 − 453
35) 762 − 21

36) 803 − 522
37) 919 − 381
38) 418 − 362
39) 203 − 190
40) 189 − 57

Subtraction

1) 678 − 21
2) 641 − 412
3) 838 − 644
4) 835 − 212
5) 791 − 134
6) 600 − 277
7) 464 − 381
8) 885 − 61
9) 846 − 435
10) 917 − 66
11) 571 − 339
12) 529 − 202
13) 887 − 621
14) 918 − 543
15) 487 − 227
16) 992 − 962
17) 809 − 592
18) 523 − 515
19) 449 − 351
20) 619 − 90
21) 268 − 152
22) 577 − 404
23) 729 − 376
24) 953 − 774
25) 743 − 125
26) 576 − 32
27) 272 − 18
28) 831 − 129
29) 48 − 22
30) 788 − 429
31) 470 − 331
32) 719 − 351
33) 216 − 50
34) 693 − 573
35) 921 − 31
36) 793 − 548
37) 960 − 734
38) 737 − 542
39) 220 − 210
40) 843 − 808

Subtraction

1) 864 − 394
2) 720 − 674
3) 979 − 89
4) 765 − 176
5) 284 − 129
6) 824 − 149
7) 783 − 152
8) 254 − 175
9) 625 − 482
10) 833 − 141
11) 870 − 815
12) 983 − 312
13) 284 − 116
14) 180 − 149
15) 317 − 47
16) 140 − 37
17) 756 − 300
18) 785 − 733
19) 864 − 194
20) 763 − 713
21) 792 − 785
22) 499 − 225
23) 882 − 636
24) 530 − 438
25) 785 − 619
26) 812 − 320
27) 629 − 240
28) 218 − 181
29) 717 − 590
30) 364 − 124
31) 855 − 648
32) 705 − 629
33) 771 − 576
34) 414 − 67
35) 547 − 34
36) 363 − 120
37) 525 − 120
38) 649 − 221
39) 218 − 25
40) 674 − 155

Subtraction

1) 987 − 425
2) 842 − 718
3) 739 − 278
4) 935 − 54
5) 948 − 528

6) 222 − 52
7) 639 − 268
8) 991 − 173
9) 854 − 297
10) 101 − 42

11) 635 − 439
12) 573 − 37
13) 569 − 533
14) 867 − 833
15) 270 − 125

16) 840 − 485
17) 280 − 126
18) 987 − 5
19) 968 − 372
20) 907 − 444

21) 531 − 381
22) 971 − 91
23) 729 − 176
24) 935 − 579
25) 522 − 388

26) 725 − 685
27) 206 − 32
28) 574 − 317
29) 710 − 491
30) 996 − 65

31) 588 − 352
32) 618 − 41
33) 429 − 72
34) 452 − 56
35) 862 − 526

36) 918 − 874
37) 585 − 25
38) 963 − 766
39) 560 − 238
40) 582 − 67

Subtraction

1) 682 − 658
2) 937 − 751
3) 966 − 701
4) 964 − 498
5) 938 − 24

6) 623 − 549
7) 131 − 10
8) 598 − 242
9) 865 − 241
10) 993 − 979

11) 661 − 255
12) 763 − 308
13) 816 − 172
14) 897 − 192
15) 585 − 489

16) 898 − 561
17) 905 − 96
18) 722 − 422
19) 121 − 67
20) 618 − 99

21) 199 − 185
22) 774 − 630
23) 244 − 160
24) 586 − 126
25) 804 − 659

26) 776 − 194
27) 598 − 231
28) 757 − 495
29) 502 − 190
30) 620 − 10

31) 585 − 147
32) 175 − 41
33) 643 − 357
34) 454 − 275
35) 769 − 246

36) 393 − 5
37) 850 − 523
38) 860 − 693
39) 972 − 809
40) 714 − 662

Subtraction

1) 576 − 236
2) 396 − 292
3) 384 − 351
4) 585 − 473
5) 853 − 140

6) 445 − 59
7) 322 − 177
8) 292 − 237
9) 534 − 489
10) 728 − 606

11) 891 − 862
12) 807 − 160
13) 893 − 4
14) 675 − 551
15) 983 − 425

16) 921 − 619
17) 740 − 676
18) 525 − 347
19) 744 − 744
20) 903 − 880

21) 482 − 308
22) 269 − 112
23) 945 − 798
24) 650 − 450
25) 792 − 646

26) 825 − 306
27) 864 − 456
28) 678 − 654
29) 878 − 553
30) 934 − 928

31) 813 − 140
32) 383 − 109
33) 819 − 585
34) 860 − 109
35) 579 − 552

36) 734 − 105
37) 653 − 549
38) 851 − 349
39) 362 − 40
40) 776 − 443

Subtraction

1) 749 − 113
2) 773 − 156
3) 349 − 35
4) 692 − 212
5) 945 − 205
6) 980 − 668
7) 312 − 80
8) 525 − 101
9) 970 − 442
10) 936 − 230
11) 606 − 204
12) 830 − 371
13) 828 − 278
14) 604 − 174
15) 574 − 532
16) 602 − 116
17) 12 − 7
18) 919 − 418
19) 613 − 438
20) 343 − 254
21) 572 − 294
22) 647 − 11
23) 980 − 431
24) 609 − 322
25) 846 − 845
26) 859 − 445
27) 951 − 85
28) 508 − 428
29) 866 − 93
30) 487 − 448
31) 991 − 201
32) 988 − 735
33) 613 − 268
34) 803 − 333
35) 783 − 126
36) 843 − 837
37) 746 − 410
38) 572 − 271
39) 104 − 74
40) 298 − 105

Subtraction

1) 944 − 190
2) 388 − 334
3) 805 − 635
4) 763 − 368
5) 912 − 259

6) 897 − 511
7) 748 − 268
8) 474 − 252
9) 613 − 113
10) 877 − 723

11) 894 − 492
12) 790 − 127
13) 870 − 461
14) 508 − 365
15) 626 − 287

16) 186 − 176
17) 710 − 699
18) 965 − 697
19) 880 − 18
20) 804 − 178

21) 592 − 282
22) 755 − 663
23) 580 − 244
24) 873 − 159
25) 268 − 73

26) 878 − 160
27) 421 − 104
28) 821 − 615
29) 301 − 149
30) 459 − 182

31) 851 − 331
32) 812 − 578
33) 887 − 611
34) 850 − 160
35) 848 − 310

36) 877 − 200
37) 660 − 292
38) 609 − 45
39) 787 − 277
40) 998 − 159

Subtraction

1) 624 − 546
2) 329 − 146
3) 876 − 380
4) 759 − 587
5) 471 − 448
6) 919 − 547
7) 826 − 198
8) 236 − 160
9) 794 − 693
10) 986 − 778
11) 532 − 295
12) 638 − 228
13) 638 − 355
14) 856 − 207
15) 726 − 60
16) 701 − 131
17) 955 − 320
18) 974 − 476
19) 833 − 564
20) 581 − 167
21) 125 − 111
22) 784 − 304
23) 840 − 195
24) 753 − 36
25) 862 − 661
26) 985 − 250
27) 379 − 334
28) 134 − 103
29) 611 − 42
30) 883 − 169
31) 539 − 476
32) 450 − 120
33) 821 − 585
34) 637 − 624
35) 817 − 219
36) 787 − 360
37) 884 − 584
38) 629 − 44
39) 877 − 836
40) 159 − 72

Subtraction

1) 871 − 503
2) 832 − 590
3) 737 − 407
4) 547 − 396
5) 218 − 161

6) 957 − 348
7) 565 − 191
8) 641 − 298
9) 604 − 40
10) 912 − 318

11) 610 − 82
12) 794 − 710
13) 954 − 678
14) 254 − 35
15) 708 − 521

16) 827 − 318
17) 844 − 288
18) 518 − 16
19) 722 − 192
20) 294 − 98

21) 823 − 589
22) 889 − 9
23) 704 − 691
24) 731 − 427
25) 868 − 855

26) 744 − 73
27) 996 − 197
28) 713 − 365
29) 969 − 936
30) 114 − 22

31) 970 − 673
32) 901 − 687
33) 174 − 41
34) 548 − 214
35) 213 − 84

36) 995 − 565
37) 229 − 120
38) 955 − 392
39) 859 − 624
40) 484 − 469

Subtraction

1) 358 − 33
2) 526 − 337
3) 836 − 683
4) 882 − 551
5) 856 − 522

6) 979 − 953
7) 664 − 615
8) 639 − 605
9) 117 − 106
10) 812 − 436

11) 312 − 123
12) 755 − 346
13) 604 − 219
14) 546 − 422
15) 681 − 617

16) 977 − 427
17) 113 − 90
18) 716 − 486
19) 706 − 242
20) 888 − 789

21) 241 − 98
22) 402 − 275
23) 843 − 610
24) 637 − 299
25) 973 − 150

26) 411 − 343
27) 487 − 485
28) 720 − 381
29) 733 − 599
30) 809 − 269

31) 907 − 153
32) 876 − 287
33) 891 − 889
34) 755 − 253
35) 838 − 705

36) 559 − 163
37) 713 − 502
38) 587 − 283
39) 996 − 699
40) 812 − 772

Subtraction

1) 931 − 649
2) 182 − 121
3) 807 − 355
4) 741 − 273
5) 497 − 483

6) 560 − 70
7) 637 − 299
8) 571 − 263
9) 897 − 636
10) 350 − 304

11) 929 − 117
12) 989 − 884
13) 970 − 190
14) 685 − 262
15) 649 − 202

16) 896 − 582
17) 727 − 544
18) 370 − 117
19) 899 − 796
20) 978 − 957

21) 761 − 68
22) 206 − 201
23) 799 − 633
24) 472 − 282
25) 327 − 91

26) 880 − 647
27) 695 − 367
28) 229 − 120
29) 715 − 348
30) 843 − 645

31) 680 − 475
32) 970 − 765
33) 631 − 576
34) 678 − 613
35) 739 − 164

36) 837 − 170
37) 380 − 184
38) 530 − 160
39) 524 − 104
40) 907 − 20

Subtraction

1) 583 − 36
2) 546 − 50
3) 113 − 58
4) 368 − 75
5) 316 − 2
6) 999 − 738
7) 628 − 602
8) 459 − 205
9) 950 − 791
10) 703 − 443
11) 565 − 236
12) 60 − 2
13) 932 − 2
14) 594 − 167
15) 925 − 620
16) 668 − 437
17) 978 − 441
18) 897 − 228
19) 371 − 85
20) 773 − 79
21) 180 − 49
22) 650 − 334
23) 983 − 518
24) 870 − 474
25) 185 − 156
26) 963 − 232
27) 998 − 146
28) 739 − 370
29) 943 − 865
30) 655 − 295
31) 664 − 464
32) 532 − 526
33) 909 − 300
34) 796 − 63
35) 665 − 24
36) 511 − 345
37) 590 − 114
38) 872 − 403
39) 587 − 491
40) 983 − 193

Subtraction

1) 733 − 684
2) 570 − 12
3) 334 − 197
4) 873 − 64
5) 766 − 607

6) 749 − 718
7) 374 − 276
8) 608 − 511
9) 406 − 22
10) 509 − 153

11) 769 − 278
12) 633 − 587
13) 351 − 343
14) 436 − 295
15) 70 − 28

16) 317 − 174
17) 656 − 273
18) 514 − 32
19) 954 − 433
20) 581 − 447

21) 251 − 182
22) 938 − 619
23) 614 − 91
24) 623 − 434
25) 827 − 332

26) 528 − 247
27) 569 − 117
28) 612 − 1
29) 711 − 540
30) 230 − 41

31) 912 − 148
32) 886 − 760
33) 444 − 157
34) 536 − 223
35) 627 − 437

36) 354 − 186
37) 797 − 753
38) 989 − 764
39) 907 − 449
40) 109 − 2

Multiplication

1) 11 × 3
2) 5 × 4
3) 3 × 1
4) 10 × 4
5) 3 × 6

6) 2 × 11
7) 7 × 4
8) 8 × 7
9) 8 × 10
10) 11 × 3

11) 6 × 3
12) 5 × 10
13) 4 × 7
14) 6 × 2
15) 8 × 10

16) 8 × 3
17) 4 × 10
18) 6 × 11
19) 5 × 3
20) 6 × 9

21) 1 × 1
22) 6 × 6
23) 1 × 10
24) 8 × 3
25) 10 × 6

26) 3 × 11
27) 9 × 11
28) 10 × 3
29) 4 × 3
30) 9 × 11

31) 6 × 10
32) 4 × 3
33) 6 × 10
34) 6 × 10
35) 9 × 12

36) 12 × 10
37) 8 × 7
38) 12 × 7
39) 8 × 6
40) 1 × 2

Multiplication

1) 8 × 7
2) 1 × 11
3) 10 × 4
4) 2 × 12
5) 6 × 2

6) 6 × 6
7) 6 × 1
8) 6 × 2
9) 2 × 1
10) 8 × 2

11) 2 × 1
12) 6 × 12
13) 8 × 9
14) 12 × 10
15) 3 × 9

16) 11 × 8
17) 2 × 12
18) 9 × 9
19) 5 × 6
20) 8 × 9

21) 9 × 6
22) 7 × 7
23) 6 × 7
24) 10 × 4
25) 3 × 12

26) 7 × 10
27) 11 × 2
28) 8 × 5
29) 8 × 11
30) 1 × 5

31) 5 × 5
32) 5 × 4
33) 3 × 8
34) 4 × 5
35) 11 × 8

36) 5 × 10
37) 11 × 3
38) 11 × 4
39) 1 × 9
40) 7 × 12

Multiplication

1) 7 × 11

2) 8 × 2

3) 1 × 3

4) 10 × 12

5) 8 × 10

6) 1 × 4

7) 12 × 1

8) 1 × 5

9) 6 × 10

10) 2 × 4

11) 6 × 4

12) 12 × 6

13) 6 × 4

14) 4 × 4

15) 2 × 7

16) 7 × 3

17) 1 × 4

18) 6 × 5

19) 4 × 9

20) 3 × 12

21) 6 × 9

22) 8 × 3

23) 9 × 7

24) 11 × 9

25) 4 × 7

26) 7 × 12

27) 1 × 4

28) 3 × 10

29) 9 × 6

30) 1 × 9

31) 8 × 8

32) 6 × 11

33) 10 × 12

34) 11 × 12

35) 8 × 7

36) 4 × 2

37) 5 × 10

38) 6 × 12

39) 1 × 6

40) 10 × 11

Multiplication

1) 5 × 8

2) 7 × 5

3) 6 × 7

4) 2 × 11

5) 9 × 4

6) 8 × 11

7) 4 × 7

8) 3 × 9

9) 12 × 7

10) 6 × 2

11) 4 × 11

12) 7 × 10

13) 2 × 5

14) 6 × 4

15) 5 × 11

16) 7 × 10

17) 5 × 11

18) 6 × 10

19) 11 × 1

20) 8 × 5

21) 6 × 9

22) 10 × 10

23) 2 × 2

24) 8 × 11

25) 2 × 11

26) 10 × 8

27) 10 × 9

28) 7 × 1

29) 6 × 6

30) 9 × 5

31) 5 × 11

32) 10 × 7

33) 8 × 9

34) 2 × 12

35) 3 × 1

36) 6 × 2

37) 2 × 5

38) 11 × 4

39) 4 × 5

40) 7 × 4

Multiplication

1) 7 × 6

2) 12 × 12

3) 7 × 11

4) 1 × 7

5) 12 × 2

6) 9 × 7

7) 11 × 7

8) 9 × 7

9) 4 × 4

10) 3 × 7

11) 5 × 6

12) 7 × 1

13) 10 × 6

14) 8 × 2

15) 10 × 9

16) 3 × 7

17) 2 × 9

18) 4 × 3

19) 1 × 4

20) 9 × 10

21) 3 × 1

22) 2 × 8

23) 6 × 3

24) 8 × 9

25) 4 × 7

26) 1 × 12

27) 12 × 6

28) 11 × 7

29) 3 × 3

30) 11 × 3

31) 6 × 3

32) 8 × 10

33) 7 × 5

34) 4 × 7

35) 11 × 1

36) 5 × 6

37) 12 × 5

38) 4 × 12

39) 8 × 7

40) 12 × 5

Multiplication

1) 8 × 6
2) 1 × 4
3) 2 × 2
4) 3 × 3
5) 7 × 11
6) 8 × 8
7) 6 × 12
8) 4 × 6
9) 6 × 1
10) 7 × 12
11) 1 × 1
12) 10 × 3
13) 2 × 9
14) 11 × 3
15) 4 × 5
16) 11 × 11
17) 6 × 8
18) 1 × 7
19) 4 × 2
20) 3 × 7
21) 9 × 9
22) 2 × 2
23) 6 × 8
24) 10 × 4
25) 9 × 8
26) 5 × 12
27) 7 × 2
28) 12 × 4
29) 6 × 4
30) 3 × 4
31) 6 × 12
32) 5 × 3
33) 6 × 4
34) 9 × 10
35) 7 × 8
36) 1 × 1
37) 6 × 11
38) 1 × 10
39) 10 × 11
40) 1 × 4

Multiplication

1) 12 × 11

2) 4 × 9

3) 6 × 4

4) 6 × 2

5) 3 × 12

6) 10 × 5

7) 6 × 10

8) 6 × 11

9) 3 × 1

10) 7 × 9

11) 4 × 9

12) 9 × 12

13) 12 × 11

14) 5 × 9

15) 6 × 8

16) 10 × 12

17) 7 × 1

18) 11 × 7

19) 1 × 6

20) 10 × 9

21) 5 × 3

22) 1 × 2

23) 6 × 4

24) 8 × 2

25) 4 × 4

26) 7 × 3

27) 5 × 6

28) 4 × 6

29) 6 × 7

30) 11 × 11

31) 8 × 4

32) 7 × 9

33) 2 × 10

34) 2 × 6

35) 3 × 12

36) 6 × 2

37) 12 × 2

38) 3 × 4

39) 11 × 5

40) 3 × 2

Multiplication

1) 6 × 4
2) 8 × 9
3) 2 × 7
4) 5 × 6
5) 12 × 12

6) 6 × 6
7) 5 × 9
8) 6 × 4
9) 8 × 3
10) 1 × 7

11) 2 × 3
12) 8 × 12
13) 11 × 1
14) 4 × 2
15) 3 × 9

16) 3 × 8
17) 11 × 9
18) 4 × 2
19) 7 × 11
20) 4 × 9

21) 9 × 6
22) 2 × 1
23) 12 × 6
24) 5 × 1
25) 12 × 1

26) 6 × 8
27) 7 × 7
28) 10 × 6
29) 11 × 8
30) 12 × 3

31) 2 × 5
32) 4 × 12
33) 5 × 5
34) 11 × 5
35) 1 × 8

36) 7 × 6
37) 3 × 9
38) 6 × 7
39) 8 × 10
40) 4 × 2

Multiplication

1) 8 × 7
2) 10 × 3
3) 11 × 8
4) 11 × 1
5) 10 × 2

6) 2 × 2
7) 2 × 2
8) 1 × 9
9) 11 × 11
10) 7 × 3

11) 12 × 8
12) 2 × 11
13) 8 × 12
14) 9 × 5
15) 1 × 3

16) 6 × 2
17) 5 × 3
18) 9 × 3
19) 6 × 6
20) 8 × 4

21) 9 × 10
22) 12 × 1
23) 12 × 12
24) 8 × 1
25) 7 × 7

26) 7 × 3
27) 8 × 1
28) 5 × 11
29) 2 × 8
30) 1 × 10

31) 11 × 5
32) 4 × 6
33) 12 × 11
34) 10 × 2
35) 3 × 2

36) 4 × 5
37) 8 × 7
38) 4 × 4
39) 9 × 10
40) 9 × 11

Multiplication

1) 10 × 8
2) 12 × 4
3) 1 × 3
4) 9 × 5
5) 9 × 9
6) 6 × 11
7) 12 × 9
8) 9 × 6
9) 11 × 10
10) 6 × 12
11) 11 × 11
12) 6 × 6
13) 5 × 11
14) 9 × 11
15) 10 × 12
16) 6 × 8
17) 4 × 4
18) 5 × 4
19) 6 × 8
20) 9 × 3
21) 3 × 9
22) 8 × 5
23) 9 × 9
24) 8 × 1
25) 12 × 4
26) 4 × 10
27) 11 × 11
28) 9 × 5
29) 5 × 5
30) 1 × 12
31) 1 × 11
32) 5 × 1
33) 10 × 6
34) 9 × 12
35) 2 × 11
36) 5 × 10
37) 6 × 12
38) 7 × 11
39) 8 × 7
40) 7 × 7

Multiplication

1) 12×2
2) 10×3
3) 7×11
4) 10×10
5) 2×4
6) 8×7
7) 9×8
8) 1×2
9) 1×9
10) 2×3
11) 2×3
12) 12×7
13) 8×2
14) 4×9
15) 5×5
16) 5×12
17) 10×7
18) 11×10
19) 2×12
20) 4×12
21) 12×6
22) 5×7
23) 6×11
24) 1×6
25) 10×1
26) 12×11
27) 7×6
28) 5×8
29) 9×9
30) 9×10
31) 1×12
32) 5×4
33) 1×1
34) 4×1
35) 11×11
36) 8×2
37) 7×6
38) 8×3
39) 6×12
40) 8×4

Multiplication

1) 4 × 10

2) 7 × 9

3) 1 × 12

4) 5 × 6

5) 6 × 1

6) 9 × 2

7) 6 × 5

8) 4 × 4

9) 4 × 2

10) 3 × 6

11) 6 × 6

12) 9 × 11

13) 10 × 11

14) 2 × 2

15) 10 × 4

16) 5 × 8

17) 2 × 6

18) 3 × 4

19) 2 × 11

20) 5 × 6

21) 6 × 4

22) 9 × 9

23) 8 × 5

24) 8 × 10

25) 2 × 2

26) 2 × 3

27) 6 × 10

28) 4 × 10

29) 12 × 7

30) 5 × 11

31) 4 × 1

32) 1 × 10

33) 3 × 3

34) 12 × 12

35) 8 × 7

36) 5 × 3

37) 11 × 1

38) 6 × 7

39) 6 × 2

40) 9 × 6

Multiplication

1) 12 × 1
2) 6 × 4
3) 2 × 12
4) 11 × 12
5) 3 × 5

6) 5 × 10
7) 8 × 6
8) 8 × 3
9) 4 × 12
10) 9 × 12

11) 12 × 8
12) 1 × 9
13) 1 × 4
14) 10 × 3
15) 5 × 10

16) 2 × 12
17) 5 × 8
18) 9 × 1
19) 1 × 8
20) 7 × 2

21) 11 × 9
22) 2 × 8
23) 5 × 3
24) 1 × 12
25) 3 × 1

26) 7 × 3
27) 10 × 4
28) 1 × 11
29) 4 × 6
30) 8 × 6

31) 6 × 9
32) 11 × 6
33) 8 × 10
34) 6 × 6
35) 3 × 11

36) 10 × 5
37) 10 × 6
38) 10 × 7
39) 9 × 4
40) 8 × 10

Multiplication

1) 4 × 1

2) 4 × 4

3) 12 × 11

4) 2 × 12

5) 10 × 12

6) 2 × 9

7) 2 × 12

8) 10 × 11

9) 7 × 7

10) 6 × 9

11) 7 × 12

12) 1 × 2

13) 7 × 11

14) 9 × 2

15) 3 × 10

16) 11 × 7

17) 2 × 11

18) 12 × 1

19) 4 × 12

20) 7 × 4

21) 11 × 5

22) 3 × 7

23) 8 × 12

24) 7 × 4

25) 10 × 7

26) 4 × 6

27) 2 × 5

28) 7 × 2

29) 7 × 12

30) 9 × 10

31) 10 × 3

32) 10 × 6

33) 10 × 3

34) 10 × 6

35) 7 × 3

36) 1 × 3

37) 12 × 4

38) 3 × 4

39) 3 × 9

40) 8 × 5

Multiplication

1) 2 × 10
2) 2 × 7
3) 7 × 7
4) 6 × 9
5) 6 × 2
6) 9 × 8
7) 12 × 7
8) 7 × 7
9) 2 × 3
10) 10 × 4
11) 7 × 4
12) 4 × 5
13) 6 × 6
14) 10 × 12
15) 2 × 1
16) 1 × 9
17) 8 × 6
18) 9 × 4
19) 6 × 5
20) 10 × 6
21) 5 × 7
22) 1 × 8
23) 2 × 10
24) 3 × 3
25) 10 × 12
26) 12 × 6
27) 2 × 9
28) 8 × 11
29) 6 × 5
30) 10 × 9
31) 11 × 12
32) 7 × 3
33) 10 × 4
34) 5 × 6
35) 3 × 1
36) 9 × 4
37) 1 × 11
38) 6 × 4
39) 1 × 5
40) 11 × 6

Multiplication

1) 12 × 8
2) 5 × 1
3) 6 × 1
4) 3 × 6
5) 1 × 9
6) 5 × 10
7) 3 × 9
8) 3 × 4
9) 5 × 11
10) 2 × 12
11) 12 × 9
12) 4 × 7
13) 1 × 10
14) 11 × 9
15) 5 × 9
16) 10 × 12
17) 8 × 3
18) 5 × 5
19) 1 × 11
20) 1 × 3
21) 4 × 3
22) 7 × 9
23) 5 × 8
24) 8 × 4
25) 5 × 10
26) 9 × 5
27) 8 × 8
28) 6 × 10
29) 6 × 2
30) 12 × 11
31) 11 × 9
32) 1 × 12
33) 3 × 11
34) 2 × 8
35) 11 × 12
36) 10 × 3
37) 6 × 12
38) 7 × 2
39) 9 × 4
40) 8 × 9

Multiplication

1) 1×6
2) 6×9
3) 12×4
4) 5×12
5) 9×4
6) 2×3
7) 7×10
8) 9×3
9) 4×2
10) 10×7
11) 3×11
12) 1×6
13) 9×12
14) 3×11
15) 11×3
16) 1×4
17) 12×10
18) 10×10
19) 6×2
20) 9×11
21) 2×3
22) 6×2
23) 1×7
24) 2×3
25) 3×10
26) 7×9
27) 8×2
28) 6×9
29) 6×10
30) 10×11
31) 3×9
32) 1×5
33) 11×3
34) 12×11
35) 3×12
36) 3×8
37) 8×5
38) 12×12
39) 11×4
40) 1×2

Multiplication

1) 7 × 3
2) 4 × 3
3) 12 × 4
4) 7 × 7
5) 4 × 1

6) 12 × 9
7) 2 × 5
8) 3 × 8
9) 7 × 12
10) 7 × 6

11) 10 × 8
12) 12 × 6
13) 5 × 7
14) 11 × 7
15) 12 × 6

16) 12 × 3
17) 7 × 11
18) 6 × 11
19) 10 × 9
20) 3 × 1

21) 5 × 10
22) 4 × 9
23) 1 × 8
24) 11 × 6
25) 11 × 7

26) 6 × 4
27) 2 × 8
28) 3 × 11
29) 9 × 1
30) 9 × 8

31) 2 × 11
32) 10 × 3
33) 1 × 6
34) 1 × 11
35) 10 × 4

36) 8 × 8
37) 8 × 8
38) 12 × 10
39) 11 × 7
40) 9 × 12

Multiplication

1) 1 × 8

2) 7 × 11

3) 9 × 4

4) 1 × 6

5) 1 × 12

6) 10 × 5

7) 8 × 3

8) 7 × 5

9) 12 × 9

10) 10 × 9

11) 2 × 3

12) 11 × 7

13) 8 × 6

14) 3 × 8

15) 8 × 8

16) 9 × 2

17) 6 × 5

18) 2 × 12

19) 1 × 3

20) 6 × 5

21) 8 × 6

22) 10 × 8

23) 8 × 2

24) 7 × 7

25) 2 × 6

26) 2 × 5

27) 6 × 9

28) 6 × 12

29) 2 × 6

30) 5 × 11

31) 1 × 1

32) 8 × 3

33) 6 × 8

34) 6 × 6

35) 1 × 9

36) 8 × 7

37) 7 × 4

38) 3 × 4

39) 4 × 5

40) 11 × 5

Multiplication

1) 10 × 10

2) 7 × 3

3) 12 × 11

4) 4 × 9

5) 1 × 6

6) 7 × 1

7) 10 × 7

8) 10 × 4

9) 7 × 5

10) 4 × 2

11) 1 × 8

12) 8 × 7

13) 3 × 2

14) 2 × 9

15) 9 × 4

16) 5 × 9

17) 9 × 4

18) 2 × 7

19) 9 × 4

20) 1 × 1

21) 4 × 5

22) 8 × 1

23) 1 × 8

24) 10 × 11

25) 7 × 12

26) 6 × 11

27) 3 × 7

28) 6 × 5

29) 10 × 4

30) 1 × 11

31) 12 × 1

32) 8 × 1

33) 12 × 8

34) 5 × 12

35) 4 × 7

36) 6 × 1

37) 5 × 8

38) 3 × 1

39) 12 × 3

40) 11 × 8

Multiplication

1) 12 × 5
2) 6 × 5
3) 3 × 11
4) 3 × 5
5) 2 × 8
6) 12 × 3
7) 5 × 5
8) 4 × 9
9) 2 × 6
10) 12 × 3
11) 9 × 4
12) 3 × 6
13) 7 × 8
14) 2 × 10
15) 4 × 10
16) 5 × 11
17) 4 × 5
18) 1 × 3
19) 4 × 4
20) 11 × 3
21) 5 × 2
22) 9 × 10
23) 4 × 4
24) 2 × 1
25) 10 × 7
26) 3 × 11
27) 10 × 11
28) 11 × 3
29) 12 × 12
30) 7 × 10
31) 9 × 12
32) 3 × 9
33) 8 × 2
34) 1 × 1
35) 1 × 10
36) 6 × 6
37) 6 × 7
38) 3 × 3
39) 2 × 5
40) 5 × 12

Multiplication

1) 9 × 6

2) 12 × 9

3) 2 × 5

4) 9 × 5

5) 12 × 2

6) 12 × 8

7) 4 × 2

8) 8 × 7

9) 10 × 9

10) 4 × 2

11) 9 × 7

12) 9 × 7

13) 1 × 11

14) 1 × 1

15) 3 × 4

16) 9 × 4

17) 8 × 12

18) 8 × 1

19) 8 × 4

20) 3 × 12

21) 2 × 11

22) 10 × 9

23) 5 × 9

24) 10 × 7

25) 5 × 10

26) 8 × 8

27) 11 × 10

28) 1 × 4

29) 8 × 7

30) 9 × 2

31) 1 × 7

32) 7 × 2

33) 8 × 1

34) 4 × 8

35) 4 × 2

36) 9 × 3

37) 5 × 4

38) 8 × 8

39) 10 × 10

40) 11 × 2

Multiplication

1) 2 × 12

2) 11 × 4

3) 3 × 8

4) 1 × 7

5) 12 × 6

6) 8 × 2

7) 2 × 6

8) 3 × 7

9) 8 × 10

10) 12 × 9

11) 6 × 11

12) 11 × 11

13) 8 × 9

14) 9 × 7

15) 8 × 2

16) 5 × 10

17) 11 × 9

18) 5 × 2

19) 3 × 11

20) 9 × 8

21) 10 × 6

22) 11 × 10

23) 1 × 8

24) 3 × 11

25) 12 × 6

26) 8 × 10

27) 6 × 4

28) 5 × 12

29) 8 × 7

30) 2 × 1

31) 10 × 10

32) 11 × 4

33) 12 × 3

34) 4 × 8

35) 5 × 1

36) 2 × 7

37) 8 × 10

38) 7 × 2

39) 1 × 9

40) 2 × 4

Multiplication

1) 3 × 12
2) 1 × 12
3) 2 × 4
4) 9 × 1
5) 11 × 1

6) 3 × 12
7) 8 × 12
8) 5 × 11
9) 11 × 8
10) 5 × 5

11) 9 × 12
12) 9 × 5
13) 4 × 1
14) 11 × 11
15) 3 × 3

16) 6 × 10
17) 12 × 4
18) 8 × 6
19) 8 × 3
20) 12 × 2

21) 8 × 8
22) 11 × 10
23) 4 × 6
24) 11 × 1
25) 10 × 12

26) 4 × 8
27) 2 × 3
28) 11 × 3
29) 5 × 2
30) 8 × 9

31) 11 × 10
32) 1 × 5
33) 11 × 7
34) 9 × 3
35) 10 × 10

36) 9 × 5
37) 6 × 3
38) 11 × 10
39) 9 × 11
40) 4 × 5

Multiplication

1) 11 × 4
2) 5 × 5
3) 8 × 5
4) 3 × 9
5) 7 × 11

6) 5 × 10
7) 4 × 3
8) 12 × 10
9) 12 × 7
10) 12 × 12

11) 7 × 2
12) 1 × 2
13) 3 × 11
14) 3 × 12
15) 1 × 9

16) 2 × 7
17) 3 × 9
18) 11 × 4
19) 4 × 11
20) 4 × 3

21) 3 × 2
22) 6 × 10
23) 2 × 4
24) 10 × 10
25) 6 × 2

26) 1 × 3
27) 2 × 8
28) 8 × 10
29) 2 × 6
30) 11 × 4

31) 11 × 1
32) 7 × 8
33) 1 × 10
34) 7 × 4
35) 10 × 7

36) 10 × 3
37) 8 × 6
38) 2 × 9
39) 4 × 7
40) 6 × 9

Division

1) 93 ÷ 3

2) 5 ÷ 5

3) 22 ÷ 11

4) 76 ÷ 2

5) 49 ÷ 7

6) 90 ÷ 10

7) 119 ÷ 7

8) 123 ÷ 3

9) 93 ÷ 3

10) 51 ÷ 3

11) 110 ÷ 2

12) 142 ÷ 2

13) 122 ÷ 2

14) 142 ÷ 2

15) 65 ÷ 5

16) 10 ÷ 2

17) 144 ÷ 9

18) 69 ÷ 3

19) 4 ÷ 2

20) 120 ÷ 2

21) 60 ÷ 2

22) 21 ÷ 3

23) 54 ÷ 2

24) 126 ÷ 3

25) 39 ÷ 3

26) 68 ÷ 2

27) 39 ÷ 3

28) 64 ÷ 8

29) 4 ÷ 2

30) 105 ÷ 5

31) 54 ÷ 2

32) 105 ÷ 5

33) 138 ÷ 6

34) 33 ÷ 3

35) 21 ÷ 7

36) 49 ÷ 7

37) 70 ÷ 5

38) 8 ÷ 4

39) 88 ÷ 8

40) 99 ÷ 11

Division

1) $46 \div 2$
2) $118 \div 2$
3) $85 \div 5$
4) $143 \div 11$
5) $14 \div 7$
6) $32 \div 8$
7) $28 \div 7$
8) $56 \div 4$
9) $34 \div 2$
10) $99 \div 3$
11) $144 \div 3$
12) $10 \div 10$
13) $76 \div 2$
14) $111 \div 3$
15) $39 \div 3$
16) $49 \div 7$
17) $60 \div 4$
18) $105 \div 3$
19) $98 \div 7$
20) $133 \div 7$
21) $116 \div 2$
22) $5 \div 5$
23) $88 \div 11$
24) $33 \div 3$
25) $74 \div 2$
26) $125 \div 5$
27) $119 \div 7$
28) $11 \div 11$
29) $134 \div 2$
30) $25 \div 5$
31) $135 \div 3$
32) $44 \div 4$
33) $32 \div 2$
34) $133 \div 7$
35) $116 \div 4$
36) $2 \div 2$
37) $68 \div 2$
38) $50 \div 2$
39) $126 \div 9$
40) $10 \div 2$

Division

1) 143 ÷ 11
2) 8 ÷ 8
3) 142 ÷ 2
4) 121 ÷ 11
5) 88 ÷ 11
6) 140 ÷ 4
7) 4 ÷ 2
8) 15 ÷ 3
9) 85 ÷ 5
10) 58 ÷ 2
11) 24 ÷ 3
12) 68 ÷ 2
13) 140 ÷ 7
14) 123 ÷ 3
15) 70 ÷ 2
16) 140 ÷ 5
17) 20 ÷ 10
18) 9 ÷ 3
19) 38 ÷ 2
20) 46 ÷ 2
21) 106 ÷ 2
22) 90 ÷ 2
23) 100 ÷ 2
24) 63 ÷ 3
25) 77 ÷ 11
26) 108 ÷ 9
27) 130 ÷ 2
28) 24 ÷ 3
29) 126 ÷ 9
30) 52 ÷ 2
31) 100 ÷ 10
32) 108 ÷ 9
33) 6 ÷ 6
34) 85 ÷ 5
35) 125 ÷ 5
36) 40 ÷ 8
37) 91 ÷ 7
38) 18 ÷ 6
39) 44 ÷ 2
40) 142 ÷ 2

Division

1) $30 \div 3$
2) $63 \div 9$
3) $117 \div 3$
4) $56 \div 2$
5) $120 \div 4$
6) $8 \div 2$
7) $25 \div 5$
8) $135 \div 3$
9) $27 \div 3$
10) $26 \div 2$
11) $115 \div 5$
12) $10 \div 5$
13) $134 \div 2$
14) $27 \div 9$
15) $45 \div 5$
16) $118 \div 2$
17) $100 \div 4$
18) $129 \div 3$
19) $11 \div 11$
20) $126 \div 7$
21) $62 \div 2$
22) $54 \div 3$
23) $64 \div 8$
24) $64 \div 8$
25) $93 \div 3$
26) $82 \div 2$
27) $64 \div 2$
28) $34 \div 2$
29) $96 \div 4$
30) $24 \div 2$
31) $119 \div 7$
32) $24 \div 4$
33) $140 \div 4$
34) $76 \div 4$
35) $12 \div 12$
36) $121 \div 11$
37) $24 \div 4$
38) $7 \div 7$
39) $111 \div 3$
40) $102 \div 2$

Division

1) 110 ÷ 11
2) 130 ÷ 2
3) 6 ÷ 3
4) 114 ÷ 2
5) 50 ÷ 2
6) 102 ÷ 6
7) 52 ÷ 4
8) 105 ÷ 3
9) 121 ÷ 11
10) 108 ÷ 2
11) 88 ÷ 2
12) 124 ÷ 4
13) 114 ÷ 3
14) 50 ÷ 5
15) 130 ÷ 10
16) 25 ÷ 5
17) 50 ÷ 5
18) 121 ÷ 11
19) 85 ÷ 5
20) 117 ÷ 9
21) 136 ÷ 8
22) 123 ÷ 3
23) 91 ÷ 7
24) 16 ÷ 4
25) 104 ÷ 8
26) 106 ÷ 2
27) 65 ÷ 5
28) 126 ÷ 2
29) 28 ÷ 7
30) 118 ÷ 2
31) 140 ÷ 10
32) 39 ÷ 3
33) 42 ÷ 6
34) 8 ÷ 2
35) 16 ÷ 2
36) 42 ÷ 6
37) 35 ÷ 7
38) 78 ÷ 3
39) 98 ÷ 7
40) 30 ÷ 5

Division

1) 33 ÷ 3
2) 76 ÷ 2
3) 9 ÷ 3
4) 75 ÷ 3
5) 134 ÷ 2
6) 24 ÷ 8
7) 128 ÷ 2
8) 86 ÷ 2
9) 144 ÷ 12
10) 115 ÷ 5
11) 8 ÷ 2
12) 84 ÷ 4
13) 20 ÷ 5
14) 108 ÷ 2
15) 124 ÷ 4
16) 49 ÷ 7
17) 84 ÷ 3
18) 96 ÷ 6
19) 11 ÷ 11
20) 7 ÷ 7
21) 77 ÷ 7
22) 124 ÷ 2
23) 62 ÷ 2
24) 117 ÷ 9
25) 72 ÷ 2
26) 51 ÷ 3
27) 21 ÷ 3
28) 120 ÷ 3
29) 51 ÷ 3
30) 142 ÷ 2
31) 46 ÷ 2
32) 8 ÷ 2
33) 119 ÷ 7
34) 25 ÷ 5
35) 112 ÷ 2
36) 2 ÷ 2
37) 34 ÷ 2
38) 120 ÷ 8
39) 3 ÷ 3
40) 105 ÷ 7

Division

1) 63 ÷ 7
2) 119 ÷ 7
3) 144 ÷ 8
4) 64 ÷ 4
5) 78 ÷ 6
6) 25 ÷ 5
7) 46 ÷ 2
8) 60 ÷ 2
9) 68 ÷ 2
10) 125 ÷ 5
11) 85 ÷ 5
12) 82 ÷ 2
13) 63 ÷ 9
14) 34 ÷ 2
15) 121 ÷ 11
16) 88 ÷ 8
17) 102 ÷ 3
18) 52 ÷ 2
19) 10 ÷ 2
20) 82 ÷ 2
21) 104 ÷ 8
22) 62 ÷ 2
23) 42 ÷ 3
24) 134 ÷ 2
25) 90 ÷ 6
26) 20 ÷ 2
27) 32 ÷ 4
28) 48 ÷ 2
29) 64 ÷ 8
30) 38 ÷ 2
31) 125 ÷ 5
32) 62 ÷ 2
33) 57 ÷ 3
34) 111 ÷ 3
35) 48 ÷ 3
36) 130 ÷ 5
37) 24 ÷ 12
38) 8 ÷ 2
39) 57 ÷ 3
40) 112 ÷ 2

Division

1) 22 ÷ 11
2) 105 ÷ 3
3) 108 ÷ 2
4) 39 ÷ 3
5) 143 ÷ 11
6) 60 ÷ 6
7) 121 ÷ 11
8) 140 ÷ 5
9) 46 ÷ 2
10) 10 ÷ 2
11) 77 ÷ 7
12) 115 ÷ 5
13) 142 ÷ 2
14) 24 ÷ 6
15) 125 ÷ 5
16) 15 ÷ 3
17) 91 ÷ 7
18) 35 ÷ 5
19) 54 ÷ 3
20) 51 ÷ 3
21) 112 ÷ 4
22) 87 ÷ 3
23) 122 ÷ 2
24) 94 ÷ 2
25) 68 ÷ 2
26) 70 ÷ 2
27) 112 ÷ 7
28) 80 ÷ 8
29) 124 ÷ 2
30) 56 ÷ 4
31) 91 ÷ 7
32) 116 ÷ 4
33) 119 ÷ 7
34) 6 ÷ 3
35) 63 ÷ 9
36) 46 ÷ 2
37) 124 ÷ 2
38) 91 ÷ 7
39) 100 ÷ 2
40) 8 ÷ 8

Division

1) $34 \div 2$
2) $50 \div 5$
3) $108 \div 12$
4) $118 \div 2$
5) $6 \div 6$
6) $105 \div 5$
7) $20 \div 5$
8) $88 \div 8$
9) $132 \div 4$
10) $4 \div 2$
11) $12 \div 4$
12) $4 \div 2$
13) $122 \div 2$
14) $54 \div 6$
15) $91 \div 7$
16) $94 \div 2$
17) $20 \div 2$
18) $58 \div 2$
19) $90 \div 6$
20) $2 \div 2$
21) $50 \div 2$
22) $124 \div 4$
23) $121 \div 11$
24) $36 \div 4$
25) $95 \div 5$
26) $134 \div 2$
27) $75 \div 3$
28) $98 \div 7$
29) $38 \div 2$
30) $8 \div 4$
31) $74 \div 2$
32) $111 \div 3$
33) $84 \div 6$
34) $136 \div 8$
35) $119 \div 7$
36) $18 \div 9$
37) $7 \div 7$
38) $51 \div 3$
39) $142 \div 2$
40) $4 \div 4$

Division

1) 118 ÷ 2
2) 65 ÷ 5
3) 143 ÷ 11
4) 87 ÷ 3
5) 95 ÷ 5
6) 48 ÷ 12
7) 21 ÷ 3
8) 106 ÷ 2
9) 60 ÷ 4
10) 80 ÷ 10
11) 72 ÷ 8
12) 28 ÷ 7
13) 82 ÷ 2
14) 87 ÷ 3
15) 84 ÷ 3
16) 94 ÷ 2
17) 85 ÷ 5
18) 110 ÷ 5
19) 112 ÷ 2
20) 134 ÷ 2
21) 44 ÷ 2
22) 11 ÷ 11
23) 4 ÷ 2
24) 33 ÷ 3
25) 80 ÷ 4
26) 72 ÷ 9
27) 46 ÷ 2
28) 42 ÷ 6
29) 39 ÷ 3
30) 38 ÷ 2
31) 63 ÷ 3
32) 16 ÷ 8
33) 26 ÷ 2
34) 24 ÷ 2
35) 99 ÷ 11
36) 6 ÷ 2
37) 128 ÷ 8
38) 118 ÷ 2
39) 50 ÷ 5
40) 77 ÷ 11

Division

1) $121 \div 11$
2) $118 \div 2$
3) $7 \div 7$
4) $56 \div 7$
5) $100 \div 2$
6) $9 \div 3$
7) $75 \div 3$
8) $62 \div 2$
9) $106 \div 2$
10) $111 \div 3$
11) $84 \div 7$
12) $9 \div 3$
13) $100 \div 10$
14) $117 \div 9$
15) $55 \div 11$
16) $90 \div 3$
17) $57 \div 3$
18) $14 \div 7$
19) $55 \div 11$
20) $105 \div 7$
21) $4 \div 2$
22) $66 \div 11$
23) $32 \div 4$
24) $64 \div 2$
25) $135 \div 3$
26) $63 \div 9$
27) $57 \div 3$
28) $65 \div 5$
29) $34 \div 2$
30) $45 \div 3$
31) $134 \div 2$
32) $46 \div 2$
33) $64 \div 4$
34) $121 \div 11$
35) $70 \div 2$
36) $81 \div 9$
37) $40 \div 8$
38) $52 \div 2$
39) $16 \div 8$
40) $136 \div 8$

Division

1) 50 ÷ 2
2) 68 ÷ 2
3) 25 ÷ 5
4) 45 ÷ 9
5) 9 ÷ 9
6) 20 ÷ 10
7) 12 ÷ 3
8) 16 ÷ 2
9) 68 ÷ 2
10) 111 ÷ 3
11) 78 ÷ 2
12) 140 ÷ 4
13) 22 ÷ 11
14) 50 ÷ 10
15) 49 ÷ 7
16) 87 ÷ 3
17) 69 ÷ 3
18) 14 ÷ 7
19) 7 ÷ 7
20) 16 ÷ 8
21) 100 ÷ 2
22) 92 ÷ 4
23) 96 ÷ 2
24) 133 ÷ 7
25) 20 ÷ 4
26) 114 ÷ 3
27) 99 ÷ 9
28) 143 ÷ 11
29) 80 ÷ 8
30) 119 ÷ 7
31) 27 ÷ 9
32) 142 ÷ 2
33) 108 ÷ 12
34) 68 ÷ 2
35) 42 ÷ 2
36) 134 ÷ 2
37) 134 ÷ 2
38) 112 ÷ 8
39) 14 ÷ 7
40) 110 ÷ 10

Division

1) 76 ÷ 4
2) 9 ÷ 3
3) 30 ÷ 2
4) 63 ÷ 3
5) 38 ÷ 2
6) 58 ÷ 2
7) 132 ÷ 2
8) 94 ÷ 2
9) 65 ÷ 5
10) 118 ÷ 2
11) 3 ÷ 3
12) 122 ÷ 2
13) 119 ÷ 7
14) 80 ÷ 5
15) 57 ÷ 3
16) 68 ÷ 4
17) 32 ÷ 2
18) 2 ÷ 2
19) 136 ÷ 2
20) 35 ÷ 7
21) 133 ÷ 7
22) 49 ÷ 7
23) 66 ÷ 6
24) 28 ÷ 4
25) 58 ÷ 2
26) 8 ÷ 2
27) 104 ÷ 4
28) 93 ÷ 3
29) 40 ÷ 2
30) 126 ÷ 9
31) 9 ÷ 9
32) 93 ÷ 3
33) 92 ÷ 4
34) 26 ÷ 2
35) 74 ÷ 2
36) 82 ÷ 2
37) 62 ÷ 2
38) 68 ÷ 2
39) 2 ÷ 2
40) 128 ÷ 8

Division

1) 6 ÷ 3
2) 56 ÷ 4
3) 63 ÷ 9
4) 65 ÷ 5
5) 134 ÷ 2
6) 10 ÷ 2
7) 36 ÷ 3
8) 30 ÷ 3
9) 34 ÷ 2
10) 54 ÷ 9
11) 18 ÷ 6
12) 68 ÷ 2
13) 24 ÷ 6
14) 115 ÷ 5
15) 65 ÷ 5
16) 122 ÷ 2
17) 52 ÷ 4
18) 135 ÷ 3
19) 63 ÷ 7
20) 15 ÷ 3
21) 49 ÷ 7
22) 54 ÷ 6
23) 74 ÷ 2
24) 140 ÷ 10
25) 5 ÷ 5
26) 122 ÷ 2
27) 10 ÷ 2
28) 2 ÷ 2
29) 32 ÷ 4
30) 39 ÷ 3
31) 14 ÷ 7
32) 77 ÷ 11
33) 111 ÷ 3
34) 86 ÷ 2
35) 14 ÷ 7
36) 77 ÷ 7
37) 82 ÷ 2
38) 121 ÷ 11
39) 60 ÷ 6
40) 44 ÷ 11

Division

1) $117 \div 9$
2) $7 \div 7$
3) $22 \div 11$
4) $11 \div 11$
5) $106 \div 2$
6) $77 \div 11$
7) $38 \div 2$
8) $42 \div 2$
9) $117 \div 3$
10) $133 \div 7$
11) $100 \div 10$
12) $65 \div 5$
13) $3 \div 3$
14) $35 \div 7$
15) $132 \div 4$
16) $81 \div 9$
17) $78 \div 3$
18) $98 \div 7$
19) $129 \div 3$
20) $141 \div 3$
21) $85 \div 5$
22) $78 \div 3$
23) $86 \div 2$
24) $126 \div 3$
25) $133 \div 7$
26) $94 \div 2$
27) $10 \div 5$
28) $90 \div 10$
29) $18 \div 6$
30) $24 \div 3$
31) $58 \div 2$
32) $132 \div 3$
33) $42 \div 7$
34) $143 \div 11$
35) $11 \div 11$
36) $55 \div 11$
37) $126 \div 6$
38) $74 \div 2$
39) $140 \div 10$
40) $60 \div 12$

Division

1) 63 ÷ 9
2) 81 ÷ 9
3) 100 ÷ 4
4) 108 ÷ 4
5) 76 ÷ 4
6) 91 ÷ 7
7) 143 ÷ 11
8) 85 ÷ 5
9) 85 ÷ 5
10) 64 ÷ 8
11) 36 ÷ 9
12) 64 ÷ 4
13) 87 ÷ 3
14) 12 ÷ 6
15) 122 ÷ 2
16) 84 ÷ 2
17) 93 ÷ 3
18) 125 ÷ 5
19) 7 ÷ 7
20) 63 ÷ 3
21) 60 ÷ 5
22) 16 ÷ 8
23) 10 ÷ 10
24) 30 ÷ 6
25) 134 ÷ 2
26) 3 ÷ 3
27) 54 ÷ 6
28) 36 ÷ 3
29) 116 ÷ 2
30) 100 ÷ 2
31) 99 ÷ 11
32) 46 ÷ 2
33) 58 ÷ 2
34) 117 ÷ 3
35) 104 ÷ 8
36) 142 ÷ 2
37) 128 ÷ 8
38) 34 ÷ 2
39) 75 ÷ 5
40) 93 ÷ 3

Division

1) $122 \div 2$
2) $9 \div 9$
3) $35 \div 7$
4) $48 \div 12$
5) $114 \div 2$
6) $135 \div 3$
7) $84 \div 12$
8) $14 \div 2$
9) $34 \div 2$
10) $69 \div 3$
11) $50 \div 10$
12) $34 \div 2$
13) $69 \div 3$
14) $8 \div 2$
15) $70 \div 10$
16) $92 \div 2$
17) $112 \div 2$
18) $36 \div 2$
19) $143 \div 11$
20) $21 \div 3$
21) $2 \div 2$
22) $120 \div 4$
23) $104 \div 4$
24) $51 \div 3$
25) $96 \div 2$
26) $58 \div 2$
27) $22 \div 11$
28) $3 \div 3$
29) $57 \div 3$
30) $28 \div 7$
31) $22 \div 2$
32) $77 \div 11$
33) $105 \div 3$
34) $98 \div 7$
35) $88 \div 4$
36) $28 \div 4$
37) $142 \div 2$
38) $80 \div 4$
39) $52 \div 4$
40) $39 \div 3$

Division

1) 6 ÷ 6
2) 22 ÷ 11
3) 9 ÷ 3
4) 120 ÷ 5
5) 54 ÷ 6

6) 87 ÷ 3
7) 56 ÷ 8
8) 143 ÷ 11
9) 82 ÷ 2
10) 121 ÷ 11

11) 20 ÷ 10
12) 132 ÷ 12
13) 54 ÷ 3
14) 68 ÷ 4
15) 99 ÷ 3

16) 68 ÷ 4
17) 52 ÷ 2
18) 100 ÷ 10
19) 98 ÷ 2
20) 14 ÷ 2

21) 140 ÷ 4
22) 106 ÷ 2
23) 126 ÷ 2
24) 130 ÷ 5
25) 25 ÷ 5

26) 133 ÷ 7
27) 35 ÷ 7
28) 91 ÷ 7
29) 5 ÷ 5
30) 63 ÷ 3

31) 135 ÷ 5
32) 87 ÷ 3
33) 12 ÷ 4
34) 62 ÷ 2
35) 133 ÷ 7

36) 15 ÷ 3
37) 119 ÷ 7
38) 84 ÷ 12
39) 46 ÷ 2
40) 69 ÷ 3

Division

1) 116 ÷ 4
2) 18 ÷ 9
3) 66 ÷ 11
4) 11 ÷ 11
5) 39 ÷ 3
6) 42 ÷ 7
7) 111 ÷ 3
8) 33 ÷ 11
9) 142 ÷ 2
10) 138 ÷ 2
11) 110 ÷ 2
12) 144 ÷ 4
13) 92 ÷ 4
14) 5 ÷ 5
15) 7 ÷ 7
16) 49 ÷ 7
17) 112 ÷ 4
18) 81 ÷ 3
19) 4 ÷ 4
20) 94 ÷ 2
21) 55 ÷ 5
22) 120 ÷ 4
23) 58 ÷ 2
24) 27 ÷ 9
25) 9 ÷ 9
26) 10 ÷ 5
27) 130 ÷ 10
28) 28 ÷ 4
29) 60 ÷ 4
30) 25 ÷ 5
31) 96 ÷ 2
32) 105 ÷ 7
33) 35 ÷ 7
34) 76 ÷ 2
35) 30 ÷ 10
36) 95 ÷ 5
37) 115 ÷ 5
38) 70 ÷ 10
39) 72 ÷ 12
40) 133 ÷ 7

Division

1) $108 \div 3$
2) $104 \div 8$
3) $49 \div 7$
4) $102 \div 3$
5) $112 \div 8$
6) $75 \div 3$
7) $111 \div 3$
8) $12 \div 4$
9) $4 \div 2$
10) $10 \div 5$
11) $54 \div 3$
12) $22 \div 11$
13) $98 \div 7$
14) $93 \div 3$
15) $58 \div 2$
16) $68 \div 4$
17) $57 \div 3$
18) $68 \div 2$
19) $49 \div 7$
20) $6 \div 2$
21) $14 \div 7$
22) $88 \div 4$
23) $38 \div 2$
24) $136 \div 4$
25) $110 \div 5$
26) $102 \div 2$
27) $119 \div 7$
28) $2 \div 2$
29) $125 \div 5$
30) $49 \div 7$
31) $20 \div 10$
32) $129 \div 3$
33) $121 \div 11$
34) $140 \div 10$
35) $27 \div 3$
36) $92 \div 4$
37) $50 \div 10$
38) $84 \div 2$
39) $140 \div 10$
40) $8 \div 8$

Division

1) $9 \div 3$
2) $62 \div 2$
3) $110 \div 5$
4) $28 \div 7$
5) $98 \div 2$
6) $63 \div 7$
7) $34 \div 2$
8) $65 \div 5$
9) $45 \div 5$
10) $57 \div 3$
11) $117 \div 3$
12) $99 \div 3$
13) $45 \div 5$
14) $5 \div 5$
15) $39 \div 3$
16) $123 \div 3$
17) $20 \div 2$
18) $14 \div 7$
19) $136 \div 2$
20) $58 \div 2$
21) $22 \div 11$
22) $51 \div 3$
23) $121 \div 11$
24) $144 \div 3$
25) $141 \div 3$
26) $10 \div 10$
27) $82 \div 2$
28) $102 \div 2$
29) $118 \div 2$
30) $50 \div 10$
31) $6 \div 2$
32) $70 \div 5$
33) $33 \div 3$
34) $58 \div 2$
35) $104 \div 4$
36) $88 \div 4$
37) $136 \div 2$
38) $93 \div 3$
39) $54 \div 9$
40) $60 \div 6$

Division

1) 4 ÷ 2
2) 45 ÷ 5
3) 70 ÷ 5
4) 123 ÷ 3
5) 60 ÷ 3
6) 78 ÷ 2
7) 130 ÷ 5
8) 123 ÷ 3
9) 49 ÷ 7
10) 44 ÷ 4
11) 125 ÷ 5
12) 14 ÷ 7
13) 5 ÷ 5
14) 69 ÷ 3
15) 128 ÷ 2
16) 7 ÷ 7
17) 111 ÷ 3
18) 104 ÷ 4
19) 28 ÷ 4
20) 135 ÷ 5
21) 11 ÷ 11
22) 27 ÷ 3
23) 77 ÷ 11
24) 45 ÷ 5
25) 38 ÷ 2
26) 4 ÷ 2
27) 66 ÷ 11
28) 55 ÷ 5
29) 98 ÷ 7
30) 117 ÷ 9
31) 106 ÷ 2
32) 7 ÷ 7
33) 93 ÷ 3
34) 68 ÷ 2
35) 129 ÷ 3
36) 54 ÷ 6
37) 74 ÷ 2
38) 94 ÷ 2
39) 42 ÷ 2
40) 6 ÷ 2

Division

1) $64 \div 8$
2) $3 \div 3$
3) $5 \div 5$
4) $76 \div 4$
5) $124 \div 2$
6) $104 \div 2$
7) $114 \div 3$
8) $57 \div 3$
9) $51 \div 3$
10) $68 \div 2$
11) $51 \div 3$
12) $25 \div 5$
13) $95 \div 5$
14) $116 \div 2$
15) $9 \div 9$
16) $78 \div 2$
17) $82 \div 2$
18) $102 \div 6$
19) $106 \div 2$
20) $81 \div 9$
21) $95 \div 5$
22) $136 \div 4$
23) $92 \div 2$
24) $4 \div 4$
25) $11 \div 11$
26) $27 \div 3$
27) $96 \div 3$
28) $77 \div 7$
29) $49 \div 7$
30) $133 \div 7$
31) $81 \div 9$
32) $42 \div 7$
33) $125 \div 5$
34) $20 \div 10$
35) $22 \div 11$
36) $126 \div 6$
37) $91 \div 7$
38) $114 \div 6$
39) $51 \div 3$
40) $44 \div 11$

Division

1) 116 ÷ 2
2) 44 ÷ 2
3) 58 ÷ 2
4) 100 ÷ 5
5) 68 ÷ 2
6) 34 ÷ 2
7) 81 ÷ 9
8) 119 ÷ 7
9) 114 ÷ 2
10) 57 ÷ 3
11) 35 ÷ 5
12) 136 ÷ 8
13) 14 ÷ 7
14) 118 ÷ 2
15) 44 ÷ 4
16) 118 ÷ 2
17) 108 ÷ 4
18) 121 ÷ 11
19) 10 ÷ 10
20) 121 ÷ 11
21) 33 ÷ 11
22) 134 ÷ 2
23) 136 ÷ 2
24) 75 ÷ 3
25) 22 ÷ 2
26) 93 ÷ 3
27) 93 ÷ 3
28) 18 ÷ 2
29) 63 ÷ 3
30) 121 ÷ 11
31) 133 ÷ 7
32) 57 ÷ 3
33) 122 ÷ 2
34) 65 ÷ 5
35) 36 ÷ 3
36) 14 ÷ 7
37) 54 ÷ 2
38) 15 ÷ 5
39) 27 ÷ 9
40) 45 ÷ 9

Division

1) 38 ÷ 2
2) 25 ÷ 5
3) 92 ÷ 4
4) 70 ÷ 5
5) 6 ÷ 6
6) 14 ÷ 7
7) 42 ÷ 6
8) 34 ÷ 2
9) 76 ÷ 2
10) 95 ÷ 5
11) 111 ÷ 3
12) 34 ÷ 2
13) 136 ÷ 4
14) 78 ÷ 6
15) 128 ÷ 2
16) 68 ÷ 4
17) 140 ÷ 10
18) 133 ÷ 7
19) 22 ÷ 11
20) 26 ÷ 2
21) 27 ÷ 3
22) 8 ÷ 2
23) 108 ÷ 3
24) 115 ÷ 5
25) 126 ÷ 9
26) 122 ÷ 2
27) 121 ÷ 11
28) 74 ÷ 2
29) 92 ÷ 2
30) 11 ÷ 11
31) 22 ÷ 11
32) 93 ÷ 3
33) 76 ÷ 4
34) 136 ÷ 8
35) 124 ÷ 2
36) 141 ÷ 3
37) 25 ÷ 5
38) 44 ÷ 11
39) 130 ÷ 5
40) 144 ÷ 4

Page 1, :
(1)124 (2)59 (3)72 (4)6 (5)55 (6)27 (7)18 (8)94 (9)97 (10)117 (11)131 (12)48
(13)148 (14)100 (15)97 (16)78 (17)130 (18)128 (19)75 (20)131 (21)116 (22)34 (23)109 (24)134 (25)76 (26)150 (27)116 (28)55 (29)172 (30)128 (31)61 (32)36 (33)112 (34)138 (35)40 (36)85 (37)176 (38)38 (39)87 (40)63

Page 2, :
(1)114 (2)115 (3)102 (4)102 (5)92 (6)94 (7)60 (8)40 (9)64 (10)127 (11)76 (12)108 (13)31 (14)99 (15)159 (16)92 (17)113 (18)161 (19)178 (20)140 (21)65 (22)58 (23)105 (24)119 (25)54 (26)115 (27)40 (28)169 (29)18 (30)86 (31)110 (32)148 (33)132 (34)94 (35)87 (36)33 (37)61 (38)111 (39)120 (40)60

Page 3, :
(1)192 (2)115 (3)70 (4)45 (5)60 (6)104 (7)125 (8)61 (9)85 (10)125 (11)103
(12)124 (13)98 (14)15 (15)146 (16)50 (17)150 (18)101 (19)172 (20)128 (21)99 (22)96 (23)84 (24)83 (25)70 (26)32 (27)71 (28)167 (29)81 (30)37 (31)25 (32)163 (33)30 (34)100 (35)168 (36)132 (37)109 (38)102 (39)113 (40)135

Page 4, :
(1)147 (2)147 (3)130 (4)116 (5)112 (6)36 (7)21 (8)109 (9)85 (10)73 (11)139 (12)101 (13)31 (14)115 (15)190 (16)143 (17)143 (18)163 (19)78 (20)53 (21)78 (22)84 (23)143 (24)118 (25)184 (26)120 (27)111 (28)104 (29)121 (30)67 (31)132 (32)99 (33)69 (34)99 (35)78 (36)65 (37)75
(38)146 (39)28 (40)93

Page 5, :
(1)9 (2)103 (3)88 (4)130 (5)89 (6)30 (7)93 (8)182 (9)76 (10)111 (11)52 (12)72 (13)78 (14)41 (15)64 (16)51 (17)145 (18)128 (19)109 (20)107 (21)138 (22)83 (23)114 (24)165 (25)158 (26)26 (27)125 (28)100 (29)114 (30)111 (31)169 (32)78 (33)169 (34)19 (35)49 (36)30 (37)8 (38)162 (39)97 (40)5

Page 6, :
(1)80 (2)116 (3)69 (4)59 (5)76 (6)153 (7)126 (8)179 (9)101 (10)61 (11)143 (12)144 (13)91 (14)69 (15)146 (16)81 (17)154 (18)110 (19)115 (20)145 (21)146 (22)173 (23)96 (24)92 (25)91 (26)84 (27)141 (28)92 (29)97 (30)63 (31)93 (32)78 (33)97 (34)74 (35)65 (36)146 (37)124 (38)106 (39)131 (40)17

Page 7, :
(1)70 (2)139 (3)153 (4)110 (5)125 (6)87 (7)17 (8)60 (9)60 (10)69 (11)126 (12)130 (13)58 (14)62 (15)141 (16)105 (17)126 (18)162 (19)97 (20)82 (21)79 (22)108 (23)98 (24)95 (25)127 (26)146 (27)78 (28)134 (29)92 (30)148 (31)46 (32)155 (33)116 (34)63 (35)67 (36)120 (37)97 (38)164 (39)133 (40)71

Page 8, :
(1)103 (2)147 (3)101 (4)160 (5)64 (6)126 (7)27 (8)137 (9)104 (10)146 (11)83 (12)71 (13)39 (14)127 (15)54 (16)112 (17)91 (18)31 (19)84 (20)81 (21)44 (22)39 (23)149 (24)55 (25)103 (26)123 (27)104 (28)126 (29)63 (30)41 (31)108 (32)74 (33)54 (34)152 (35)125 (36)73 (37)57 (38)134 (39)69 (40)168

Page 9, :
(1)29 (2)10 (3)150 (4)150 (5)163 (6)86 (7)77 (8)124 (9)151 (10)92 (11)190
(12)130 (13)139 (14)94 (15)86 (16)103 (17)146 (18)167 (19)80 (20)171 (21)15 (22)141 (23)115 (24)123 (25)99 (26)112 (27)115 (28)8 (29)95 (30)171 (31)105 (32)61 (33)81 (34)63 (35)142 (36)111 (37)70 (38)94 (39)110 (40)97

Page 10, :
(1)123 (2)103 (3)123 (4)153 (5)109 (6)108 (7)136 (8)146 (9)104 (10)67 (11)68 (12)102 (13)101 (14)94 (15)169 (16)85 (17)47 (18)167 (19)109 (20)117 (21)78 (22)94 (23)119 (24)128 (25)99 (26)156 (27)101 (28)152 (29)116 (30)110 (31)75 (32)106 (33)47 (34)58 (35)87 (36)88 (37)53 (38)83 (39)73 (40)148

Page 11, :
(1)161 (2)119 (3)114 (4)122 (5)126 (6)55 (7)146 (8)69 (9)111 (10)70 (11)69 (12)91 (13)72 (14)165 (15)126 (16)106 (17)24 (18)71 (19)139 (20)43 (21)98 (22)81 (23)131 (24)118 (25)106 (26)58 (27)132 (28)104 (29)128 (30)75 (31)101 (32)134 (33)108 (34)121 (35)81 (36)180 (37)90 (38)105 (39)36 (40)154

Page 12, :
(1)63 (2)171 (3)165 (4)63 (5)136 (6)123 (7)130 (8)66 (9)90 (10)163 (11)138 (12)91 (13)41 (14)117 (15)70 (16)130 (17)9 (18)18 (19)155 (20)133 (21)122 (22)161(23)94 (24)78 (25)126 (26)153 (27)127 (28)118 (29)90 (30)57 (31)75 (32)69 (33)167 (34)167 (35)129 (36)122 (37)112 (38)102 (39)47 (40)

Page 13, :
(1)147 (2)119 (3)56 (4)135 (5)104 (6)95 (7)134 (8)57
(9)103 (10)96 (11)12 (12)92 (13)60 (14)116 (15)77
(16)134 (17)65 (18)93 (19)17 (20)64 (21)88 (22)73
(23)104 (24)109 (25)134 (26)98 (27)55 (28)160
(29)133 (30)100 (31)95 (32)108 (33)121 (34)161
(35)95 (36)105 (37)58 (38)45 (39)75 (40)63

Page 14, :
(1)110 (2)130 (3)179 (4)13 (5)147 (6)148 (7)52 (8)131
(9)112 (10)35 (11)127 (12)99 (13)52 (14)3 (15)121
(16)97 (17)100 (18)102 (19)156 (20)106 (21)121
(22)91 (23)120 (24)121 (25)62 (26)116 (27)44 (28)102
(29)94 (30)117 (31)45 (32)99 (33)43 (34)110 (35)107
(36)26 (37)57 (38)137 (39)87 (40)80

Page 15, :
(1)48 (2)166 (3)145 (4)53 (5)141 (6)131 (7)69 (8)135
(9)63 (10)78 (11)166 (12)106 (13)27 (14)67 (15)107
(16)74 (17)71 (18)165 (19)127 (20)172 (21)44 (22)109
(23)105 (24)118 (25)28 (26)104 (27)118 (28)65
(29)117 (30)78 (31)72 (32)102 (33)67 (34)103 (35)131
(36)134 (37)183 (38)35 (39)88 (40)100

Page 16, :
(1)797 (2)460 (3)596 (4)635 (5)1270
(6)637 (7)1069 (8)572 (9)564 (10)1257 (11)995
(12)1503 (13)946 (14)1170 (15)994 (16)1189 (17)845
(18)824 (19)938 (20)1655 (21)728 (22)1322 (23)1654
(24)1317 (25)608 (26)1355 (27)397 (28)876 (29)537
(30)1258 (31)1267 (32)1479 (33)868 (34)798 (35)316
(36)1490 (37)1187 (38)1307 (39)367 (40)1350

Page 17, :
(1)864 (2)1419 (3)1042 (4)962 (5)1679 (6)1376 (7)482
(8)820 (9)1002 (10)1622 (11)1344 (12)1156 (13)1162
(14)948 (15)454 (16)1563 (17)848 (18)1741 (19)1567
(20)1384 (21)1151 (22)742 (23)1408 (24)494 (25)666
(26)1112 (27)643 (28)1084 (29)914 (30)1057
(31)1164 (32)1334 (33)826 (34)1678 (35)1474
(36)741 (37)1368 (38)912 (39)573 (40)465

Page 18, :
(1)1090 (2)908 (3)1235 (4)1015 (5)315 (6)890 (7)1596
(8)1078 (9)1394 (10)1601 (11)602 (12)1211 (13)960
(14)1308 (15)1823 (16)496 (17)1271 (18)1191
(19)1128 (20)1029 21)731 (22)1461 (23)232 (24)1245
(25)510 (26)1397 (27)1284 (28)1487 (29)981 (30)606
(31)1307 (32)1406 (33)1776 (34)239 (35)1055
(36)1132 (37)1554 (38)992 (39)1095 (40)898

Page 19, :
(1)1132 (2)1721 (3)433 (4)1494 (5)823 (6)1224 (7)927
(8)1189 (9)469 (10)652 (11)736 (12)527 (13)764
(14)628 (15)1540 (16)643 (17)133 (18)1045 (19) 1433
(20)375 (21)671 (22)1087 (23)289 (24)347 (25)607
26)425 (27)1658 (28)1020 (29)1060 (30)905 (31)1559
(32)238 (33)726 (34)973 (35)782 (36)1276 (37)1045
(38)659 (39)727 (40)1397

Page 20, :
(1)1450 (2)831 (3)796 (4)1126 (5)756 (6)1528 (7)1048
(8)451 (9)874 (10)726 (11)1142 (12)640 (13)445
(14)1239 (15)564 (16)1799 (17)917 (18)1020 (19)719
(20)1592 (21)358 (22)80 (23)965 (24)729 (25)988
(26)444 (27)530 (28)1139 (29)1192 (30)955 (31)1058
(32)961 (33)840 (34)503 (35)314 (36)939 (37)548
(38)535 (39)697 (40)895

Page 21, :
(1)1103 (2)499 (3)253 (4)1448 (5)746 (6)716 (7)960
(8)1001 (9)1407 (10)1284 (11)1118 (12)721 (13)827
(14)210 (15)826 (16)1437 (17)1234 (18)726 (19)786
(20)1262 (21)1742 (22)1011 (23)172 (24)977 (25)815
(26)1666 (27)584 (28)777 (29)1036 (30)712 (31)821
(32)1053 (33)965 (34)1916 (35)163 (36)811 (37)1102
(38)375 (39)289 (40)1238

Page 22, :
(1)219 (2)1240 (3)1071 (4)1381 (5)1174 (6)326
(7)1060 (8)1594 (9)761 (10)506 (11)1419 (12)708
(13)1334 (14)693 (15)429 (16)989 (17)1576 (18)1733
(19)1317 (20)673 (21)933 (22)1452 (23)755 (24)1309
(25)861 (26)1234 (27)855 (28)703 (29)1315 (30)874
(31)873 (32)1011 (33)598 (34)852 (35)82 (36)1092
(37)1063 (38)776 (39)1065 (40)1548

Page 23, :
(1)1262 (2)757 (3)1195 (4)507 (5)1307 (6)1498
(7)1117 (8)1634 (9)634 (10)795 (11)631 (12)1372
(13)1074 (14)1198 (15)1200 (16)1204 (17)750 (18)312
(19)648 (20)519 (21)958 (22)1482 (23)1090 (24)1080
(25)892 (26)876 (27)978 (28)470 (29)879 (30)180
(31)974 (32)940 (33)918 (34)366 (35)1179 (36)685
(37)909 (38)977 (39)905 (40)1136

Page 24, :
(1)318 (2)925 (3)640 (4)714 (5)586
(6)1224 (7)713 (8)1649 (9)1330 (10)1187 (11)280
(12)813 (13)1610 (14)793 (15)218 (16)1096 (17)546
(18)1121 (19)647 (20)1101 (21)1426 (22)1671
(23)1259 (24)478 (25)1097 (26)1195 (27)1575 (28)982
(29)1209 (30)1337 (31)1609 (32)614 (33)892 (34)1276
(35)1495 (36)402 (37)1689 (38)455 (39)1011
(40)517

Page 25, :
(1)799 (2)578 (3)955 (4)246 (5)479 (6)859 (7)1366
(8)580 (9)1292 (10)696 (11)1639 (12)708 (13)314
(14)1269 (15)1475 (16)641 (17)1561 (18)1573
(19)1104 (20)264 (21)1830 (22)939 (23)1002 (24)241
(25)907 (26)1810 (27)936 (28)632 (29)1327 (30)1498
(31)1432 (32)1099 (33)1351 (34)962 (35)1392 (36)829
(37)1192 (38)570 (39)1434 (40)776

Page 26, :
(1)1314 (2)728 (3)1438 (4)1225 (5)1300 (6)1663
(7)661 (8)1365 (9)752 (10)735 (11)1371 (12)429
(13)876 (14)1654 (15)699 (16)1192 (17)1209 (18)234
(19)981 (20)1549 (21)1285 (22)840 (23)519 (24)1597
(25)676 (26)1649 (27)519 (28)947 (29)1516 (30)1076
(31)898 (32)1775 (33)1113 (34)665 (35)743 (36)176
(37)491 (38)785 (39)300 (40)765

Page 27, :
(1)1419 (2)1383 (3)581 (4)411 (5)922 (6)1258 (7)1546
(8)577 (9)1311 (10)816 (11)400 (12)800 (13)637
(14)819 (15)1221 (16)1068 (17)121 (18)739 (19)833
(20)185 (21)1654 (22)992 (23)491 (24)801 (25)1104
(26)273 (27)1321 (28)1437 (29)459 (30)1021 (31)589
(32)1002 (33)930 (34)1519 (35)1314 (36)1062 (37)898
(38)264 (39)888 (40)1266

Page 28, :
(1)696 (2)1066 (3)968 (4)1224 (5)1519 (6)1454 (7)359
(8)963 (9)545 (10)1756 (11)1132 (12)1806 (13)766
(14)1037 (15)1606 (16)676 (17)938 (18)255 (19)879
(20)1018 (21)1287 (22)1180 (23)37 (24)668 (25)1486
(26)1074 (27)1169 (28)333 (29)1400 (30)1029 (31)535
(32)103 (33)1580 (34)1372 (35)616 (36)1190 (37)1714
(38)1100 (39)1621 (40)299

Page 29, :
(1)1435 (2)1380 (3)867 (4)1402 (5)849 (6)1079 (7)1008
(8)1763 (9)958 (10)191 (11)820 (12)1459 (13)457
(14)876 (15)1243 (16)723 (17)102 (18)677 (19)1267
(20)1527 (21)449 (22)1439 (23)1241 (24)1660 (25)340
(26)697 (27)519 (28)1287 (29)924 (30)1383 (31)1141
(32)893 (33)662 (34)1379 (35)659 (36)743 (37)1417
(38)822 (39)1451 (40)1424

Page 30, :
(1)64 (2)1128 (3)499 (4)1015 (5)1138 (6)1209 (7)961
(8)1547 (9)1433 (10)263 (11)971 (12)988 (13)1137
(14)948 (15)869 (16)643 (17)1397 (18)1345 (19)1376
(20)1744 (21)1596 (22)751 (23)742 (24)487 (25)1067
(26)1020 (27)912 (28)1401 (29)1871 (30)1631 (31)966
(32)879 (33)1314 (34)636 (35)588 (36)752 (37)1127
(38)1165 (39)790 (40)1241

Page 31, :
(1)21 (2)27 (3)31 (4)7 (5)50 (6)61 (7)28 (8)3 (9)26 (10)2
(11)19 (12)65 (13)38 (14)1 (15)26 (16)29 (17)2 (18)48
(19)2 (20)30 (21)16 (22)48 (23)20 (24)60 (25)31 (26)29
(27)21 (28)10 (29)39 (30)43 (31)12 (32)25 (33)62 (34)26
(35)39 (36)11 (37)24 (38)29 (39)56 (40)18

Page 32, :
(1)77 (2)3 (3)3 (4)43 (5)31 (6)4 (7)3 (8)39 9)14 (10)17
(11)39 (12)10 (13)27 (14)9 (15)26 (16)37 (17)36 (18)8
(19)33 (20)19 (21)17 (22)5 (23)2 (24)84 (25)42 (26)88
(27)76 (28)72 (29)25 (30)0 (31)27 (32)3 (33)43 (34)25
(35)5 (36)88 (37)0 (38)18 (39)45 (40)22

Page 33, :
(1)55 (2)39 (3)13 (4)82 (5)12 (6)11 (7)65 (8)29 (9)13
(10)72 (11)38 (12)7 (13)39 (14)81 (15)84 (16)16 (17)13
(18)59 (19)85 (20)6 (21)44 (22)46 (23)20 (24)75 (25)16
(26)28 (27)27 (28)77 (29)35 (30)15 (31)65 (32)43 (33)73
(34)16 (35)15 (36)49 (37)6 (38)62 (39)38 (40)14

Page 34, :
(1)15 (2)89 (3)31 (4)62 (5)2 (6)29 (7)0 (8)27 (9)28 (10)60
(11)37 (12)9 (13)57 (14)2 (15)35 (16)1 (17)46 (18)43
(19)17 (20)51 (21)59 (22)88 (23)74 (24)26 (25)38 (26)48
(27)10 (28)52 (29)34 (30)47 (31)29 (32)53 (33)40 (34)44
(35)9 (36)65 (37)42 (38)1 (39)1 (40)26

Page 35, :
(1)11 (2)76 (3)45 (4)1 (5)67 (6)70 (7)53 (8)41 (9)46 (10)20 (11)9 (12)39 (13)27 (14)34 (15)47 (16)49 (17)7 (18)33 (19)28 (20)2 (21)25 (22)10 (23)41 (24)1 (25)42 (26)15 (27)5 (28)26 (29)13 (30)84 (31)7 (32)5 (33)12 (34)37 (35)71 (36)10 (37)75 (38)13 (39)6 (40)8

Page 36, :
(1)62 (2)58 (3)38 (4)37 (5)13 (6)26 (7)60 (8)16 (9)33 (10)65 (11)24 (12)40 (13)69 (14)78 (15)39 (16)30 (17)54 (18)16 (19)28 (20)2 (21)78 (22)0 (23)30 (24)4 (25)57 (26)60 (27)17 (28)43 (29)43 (30)46 (31)50 (32)23 (33)25 (34)69 (35)7 (36)54 (37)18 (38)17 (39)16 (40)35

Page 37, :
(1)28 (2)60 (3)47 (4)5 (5)16 (6)59 (7)30 (8)7 (9)18 (10)75 (11)37 (12)20 (13)2 (14)44 (15)6 (16)32 (17)0 (18)56 (19)46 (20)24 (21)39 (22)48 (23)10 (24)41 (25)7 (26)30 (27)13 (28)9 (29)68 (30)47 (31)14 (32)63 (33)26 (34)49 (35)32 (36)7 (37)15 (38)48 (39)83 (40)32

Page 38, :
(1)61 (2)40 (3)71 (4)14 (5)16 (6)54 (7)11 (8)16 (9)64 (10)58 (11)56 (12)2 (13)47 (14)49 (15)39 (16)37 (17)0 (18)23 (19)66 (20)68 (21)3 (22)72 (23)29 (24)66 (25)22 (26)5 (27)87 (28)33 (29)48 (30)4 (31)28 (32)35 (33)73 (34)9 (35)24 (36)88 (37)90 (38)76 (39)30 (40)39

Page 39, :
(1)18 (2)88 (3)81 (4)12 (5)24 (6)21 (7)35 (8)22 (9)12 (10)3 (11)32 (12)9 (13)16 (14)26 (15)2 (16)46 (17)66 (18)27 (19)28 (20)29 (21)37 (22)22 (23)69 (24)24 (25)49 (26)43 (27)50 (28)14 (29)14 (30)28 (31)79 (32)19 (33)17 (34)60 (35)77 (36)15 (37)4 (38)36 (39)33 (40)22

Page 40, :
(1)10 (2)1 (3)4 (4)7 (5)50 (6)27 (7)65 (8)64 (9)60 (10)68 (11)21 (12)26 (13)9 (14)10 (15)33 (16)39 (17)24 (18)26 (19)41 (20)80 (21)5 (22)2 (23)31 (24)39 (25)0 (26)60 (27)5 (28)66 (29)63 (30)58 (31)78 (32)61 (33)2 (34)13 (35)18 (36)8 (37)9 (38)33 (39)26 (40)23

Page 41, :
(1)17 (2)54 (3)35 (4)45 (5)48 (6)65 (7)26 (8)26 (9)23 (10)25 (11)45 (12)11 (13)24 (14)9 (15)5 (16)17 (17)50 (18)54 (19)19 (20)5 (21)5 (22)62 (23)19 (24)43 (25)31 (26)23 (27)39 (28)14 (29)31 (30)0 (31)57 (32)68 (33)35 (34)81 (35)90 (36)43 (37)35 (38)13 (39)8 (40)3

Page 42, :
(1)76 (2)76 (3)49 (4)29 (5)13 (6)8 (7)16 (8)39 (9)50 (10)21 (11)0 (12)1 (13)3 (14)19 (15)5 (16)69 (17)12 (18)18 (19)1 (20)58 (21)7 (22)84 (23)49 (24)14 (25)48 (26)16 (27)37 (28)56 (29)72 (30)3 (31)11 (32)28 (33)28 (34)66 (35)75 (36)83 (37)0 (38)5 (39)76 (40)40

Page 43, :
(1)30 (2)42 (3)28 (4)30 (5)81 (6)71 (7)54 (8)36 (9)55 (10)33 (11)5 (12)45 (13)16 (14)9 (15)16 (16)1 (17)60 (18)7 (19)22 (20)4 (21)11 (22)85 (23)68 (24)10 (25)9 (26)1 (27)49 (28)52 (29)52 (30)40 (31)7 (32)49 (33)7 (34)65 (35)18 (36)22 (37)25 (38)2 (39)19 (40)3

Page 44, :
(1)50 (2)16 (3)40 (4)53 (5)15 (6)40 (7)12 (8)3 (9)19 (10)42 (11)17 (12)65 (13)28 (14)1 (15)37 (16)12 (17)9 (18)70 (19)5 (20)13 (21)0 (22)13 (23)70 (24)18 (25)31 (26)1 (27)12 (28)40 (29)34 (30)66 (31)52 (32)18 (33)28 (34)43 (35)20 (36)38 (37)7 (38)18 (39)39 (40)0

Page 45, :
(1)54 (2)32 (3)76 (4)35 (5)22 (6)12 (7)11 (8)15 (9)0 (10)17 (11)62 (12)8 (13)63 (14)39 (15)50 (16)11 (17)19 (18)6 (19)52 (20)36 (21)8 (22)39 (23)42 (24)19 (25)8 (26)41 (27)54 (28)1 (29)54 (30)66 (31)58 (32)28 (33)20 (34)42 (35)37 (36)27 (37)23 (38)35 (39)18 (40)57

Page 46, :
(1)458 (2)335 (3)15 (4)491 (5)110 (6)503 (7)64 (8)419 (9)905 (10)277 (11)242 (12)437 (13)593 (14)653 (15)165 (16)567 (17)424 (18)819 (19)3 (20)268 (21)88 (22)324 (23)209 (24)203 (25)318 (26)807 (27)175 (28)233 (29)313 (30)563 (31)589 (32)17 (33)202 (34)381 (35)215 (36)575 (37)102 (38)241 (39)531 (40)898

Page 47, :
(1)303 (2)551 (3)471 (4)699 (5)829 (6)479 (7)287 (8)89 (9)210 (10)509 (11)258 (12)312 (13)104 (14)29 (15)616 (16)272 (17)696 (18)312 (19)487 (20)198 (21)60 (22)177 (23)167 (24)81 (25)128 (26)490 (27)295 (28)297 (29)433 (30)627 (31)603 (32)79 (33)214 (34)60 (35)741 (36)281 (37)538 (38)56 (39)13 (40)132

Page 48, :
(1)657 (2)229 (3)194 (4)623 (5)657 (6)323 (7)83 (8)824 (9)411 (10)851 (11)232 (12)327 (13)266 (14)375 (15)260 (16)30 (17)217 (18)8 (19)98 (20)529 (21)116 (22)173 (23)353 (24)179 (25)618 (26)544 (27)254 (28)702 (29)26 (30)359 (31)139 (32)368 (33)166 (34)120 (35)890 (36)245 (37)226 (38)195 (39)10 (40)35

Page 49, :
(1)470 (2)46 (3)890 (4)589 (5)155 (6)675 (7)631 (8)79 (9)143 (10)692 (11)55 (12)671 (13)168 (14)31 (15)270 (16)103 (17)456 (18)52 (19)670 (20)50 (21)7 (22)274 (23)246 (24)92 (25)166 (26)492 (27)389 (28)37 (29)127 (30)240 (31)207 (32)76 (33)195 (34)347 (35)513 (36)243 (37)405 (38)428 (39)193 (40)519

Page 50, :
(1)562 (2)124 (3)461 (4)881 (5)420 (6)170 (7)371 (8)818 (9)557 (10)59 (11)196 (12)536 (13)36 (14)34 (15)145 (16)355 (17)154 (18)982 (19)596 (20)463 (21)150 (22)880 (23)553 (24)356 (25)134 (26)40 (27)174 (28)257 (29)219 (30)931 (31)236 (32)577 (33)357 (34)396 (35)336 (36)44 (37)560 (38)197 (39)322 (40)515

Page 51, :
(1)24 (2)186 (3)265 (4)466 (5)914 (6)74 (7)121 (8)356 (9)624 (10)14 (11)406 (12)455 (13)644 (14)705 (15)96 (16)337 (17)809 (18)300 (19)54 (20)519 (21)14 (22)144 (23)84 (24)460 (25)145 (26)582 (27)367 (28)262 (29)312 (30)610 (31)438 (32)134 (33)286 (34)179 (35)523 (36)388 (37)327 (38)167 (39)163 (40)52

Page 52, :
(1)340 (2)104 (3)33 (4)112 (5)713 (6)386 (7)145 (8)55 (9)45 (10)122 (11)29 (12)647 (13)889 (14)124 (15)558 (16)302 (17)64 (18)178 (19)0 (20)23 (21)174 (22)157 (23)147 (24)200 (25)146 (26)519 (27)408 (28)24 (29)325 (30)6 (31)673 (32)274 (33)234 (34)751 (35)27 (36)629 (37)104 (38)502 (39)322 (40)333

Page 53, :
(1)636 (2)617 (3)314 (4)480 (5)740 (6)312 (7)232 (8)424 (9)528 (10)706 (11)402 (12)459 (13)550 (14)430 (15)42 (16)486 (17)5 (18)501 (19)175 (20)89 (21)278 (22)636 (23)549 (24)287 (25)1 (26)414 (27)866 (28)80 (29)773 (30)39 (31)790 (32)253 (33)345 (34)470 (35)657 (36)6 (37)336 (38)301 (39)30 (40)193

Page 54, :
(1)754 (2)54 (3)170 (4)395 (5)653 (6)386 (7)480 (8)222 (9)500 (10)154 (11)402 (12)663 (13)409 (14)143 (15)339 (16)10 (17)11 (18)268 (19)862 (20)626 (21)310 (22)92 (23)336 (24)714 (25)195 (26)718 (27)317 (28)206 (29)152 (30)277 (31)520 (32)234 (33)276 (34)690 (35)538 (36)677 (37)368 (38)564 (39)510 (40)839

Page 55, :
(1)78 (2)183 (3)496 (4)172 (5)23 (6)372 (7)628 (8)76 (9)101 (10)208 (11)237 (12)410 (13)283 (14)649 (15)666 (16)570 (17)635 (18)498 (19)269 (20)414 (21)14 (22)480 (23)645 (24)717 (25)201 (26)735 (27)45 (28)31 (29)569 (30)714 (31)63 (32)330 (33)236 (34)13 (35)598 (36)427 (37)300 (38)585 (39)41 (40)87

Page 56, :
(1)368 (2)242 (3)330 (4)151 (5)57 (6)609 (7)374 (8)343 (9)564 (10)594 (11)528 (12)84 (13)276 (14)219 (15)187 (16)509 (17)556 (18)502 (19)530 (20)196 (21)234 (22)880 (23)13 (24)304 (25)13 (26)671 (27)799 (28)348 (29)33 (30)92 (31)297 (32)214 (33)133 (34)334 (35)129 (36)430 (37)109 (38)563 (39)235 (40)15

Page 57, :
(1)325 (2)189 (3)153 (4)331 (5)334 (6)26 (7)49 (8)34 (9)11 (10)376 (11)189 (12)409 (13)385 (14)124 (15)64 (16)550 (17)23 (18)230 (19)464 (20)99 (21)143 (22)127 (23)233 (24)338 (25)823 (26)68 (27)2 (28)339 (29)134 (30)540 (31)754 (32)589 (33)2 (34)502 (35)133 (36)396 (37)211 (38)304 (39)297 (40)40

Page 58, :
(1)282 (2)61 (3)452 (4)468 (5)14 (6)490 (7)338 (8)308 (9)261 (10)46 (11)812 (12)105 (13)780 (14)423 (15)447 (16)314 (17)183 (18)253 (19)103 (20)21 (21)693 (22)5 (23)166 (24)190 (25)236 (26)233 (27)328 (28)109 (29)367 (30)198 (31)205 (32)205 (33)55 (34)65 (35)575 (36)667 (37)196 (38)370 (39)420 (40)887

Page 59, :
(1)547 (2)496 (3)55 (4)293 (5)314 (6)261 (7)26 (8)254 (9)159 (10)260 (11)329 (12)58 (13)930 (14)427 (15)305 (16)231 (17)537 (18)669 (19)286 (20)694 (21)131 (22)316 (23)465 (24)396 (25)29 (26)731 (27)852 (28)369 (29)78 (30)360 (31)200 (32)6 (33)609 (34)733 (35)641 (36)166 (37)476 (38)469 (39)96 (40)790

Page 60, :
(1)49 (2)558 (3)137 (4)809 (5)159 (6)31 (7)98 (8)97 (9)384 (10)356 (11)491 (12)46 (13)8 (14)141 (15)42 (16)143 (17)383 (18)482 (19)521 (20)134 (21)69 (22)319 (23)523 (24)189 (25)495 (26)281 (27)452 (28)611 (29)171 (30)189 (31)764 (32)126 (33)287 (34)313 (35)190 (36)168 (37)44 (38)225 (39)458 (40)107

Page 61, :
(1)33 (2)20 (3)3 (4)40 (5)18 (6)22 (7)28 (8)56 (9)80 (10)33 (11)18 (12)50 (13)28 (14)12 (15)80 (16)24 (17)40 (18)66 (19)15 (20)54 (21)1 (22)36 (23)10 (24)24 (25)60 (26)33 (27)99 (28)30 (29)12 (30)99 (31)60 (32)12 (33)60 (34)60 (35)108 (36)120 (37)56 (38)84 (39)48 (40)2

Page 62, :
(1)56 (2)11 (3)40 (4)24 (5)12 (6)36 (7)6 (8)12 (9)2 (10)16 (11)2 (12)72 (13)72 (14)120 (15)27 (16)88 (17)24 (18)81 (19)30 (20)72 (21)54 (22)49 (23)42 (24)40 (25)36 (26)70 (27)22 (28)40 (29)88 (30)5 (31)25 (32)20 (33)24 (34)20 (35)88 (36)50 (37)33 (38)44 (39)9 (40)84

Page 63, :
(1)77 (2)16 (3)3 (4)120 (5)80 (6)4 (7)12 (8)5 (9)60 (10)8 (11)24 (12)72 (13)24 (14)16 (15)14 (16)21 (17)4 (18)30 (19)36 (20)36 (21)54 (22)24 (23)63 (24)99 (25)28 (26)84 (27)4 (28)30 (29)54 (30)9 (31)64 (32)66 (33)120 (34)132 (35)56 (36)8 (37)50 (38)72 (39)6 (40)110

Page 64, :
(1)40 (2)35 (3)42 (4)22 (5)36 (6)88 (7)28 (8)27 (9)84 (10)12 (11)44 (12)70 (13)10 (14)24 (15)55 (16)70 (17)55 (18)60 (19)11 (20)40 (21)54 (22)100 (23)4 (24)88 (25)22 (26)80 (27)90 (28)7 (29)36 (30)45 (31)55 (32)70 (33)72 (34)24 (35)3 (36)12 (37)10 (38)44 (39)20 (40)28

Page 65, :
(1)42 (2)144 (3)77 (4)7 (5)24 (6)63 (7)77 (8)63 (9)16 (10)21 (11)30 (12)7 (13)60 (14)16 (15)90 (16)21 (17)18 (18)12 (19)4 (20)90 (21)3 (22)16 (23)18 (24)72 (25)28 (26)12 (27)72 (28)77 (29)9 (30)33 (31)18 (32)80 (33)35 (34)28 (35)11 (36)30 (37)60 (38)48 (39)56 (40)60

Page 66, :
(1)48 (2)4 (3)4 (4)9 (5)77 (6)64 (7)72 (8)24 (9)6 (10)84 (11)1 (12)30 (13)18 (14)33 (15)20 (16)121 (17)48 (18)7 (19)8 (20)21 (21)81 (22)4 (23)48 (24)40 (25)72 (26)60 (27)14 (28)48 (29)24 (30)12 (31)72 (32)15 (33)24 (34)90 (35)56 (36)1 (37)66 (38)10 (39)110 (40)4

Page 67, :
(1)132 (2)36 (3)24 (4)12 (5)36 (6)50 (7)60 (8)66 (9)3 (10)63 (11)36 (12)108 (13)132 (14)45 (15)48 (16)120 (17)7 (18)77 (19)6 (20)90 (21)15 (22)2 (23)24 (24)16 (25)16 (26)21 (27)30 (28)24 (29)42 (30)121 (31)32 (32)63 (33)20 (34)12 (35)36 (36)12 (37)24 (38)12 (39)55 (40)6

Page 68, :
(1)24 (2)72 (3)14 (4)30 (5)144 (6)36 (7)45 (8)24 (9)24 (10)7 (11)6 (12)96 (13)11 (14)8 (15)27 (16)24 (17)99 (18)8 (19)77 (20)36 (21)54 (22)2 (23)72 (24)5 (25)12 (26)48 (27)49 (28)60 (29)88 (30)36 (31)10 (32)48 (33)25 (34)55 (35)8 (36)42 (37)27 (38)42 (39)80 (40)8

Page 69, :
(1)56 (2)30 (3)88 (4)11 (5)20 (6)4 (7)4 (8)9 (9)121 (10)21 (11)96 (12)22 (13)96 (14)45 (15)3 (16)12 (17)15 (18)27 (19)36 (20)32 (21)90 (22)12 (23)144 (24)8 (25)49 (26)21 (27)8 (28)55 (29)16 (30)10 (31)55 (32)24 (33)132 (34)20 (35)6 (36)20 (37)56 (38)16 (39)90 (40)99

Page 70, :
(1)80 (2)48 (3)3 (4)45 (5)81 (6)66 (7)108 (8)54 (9)110 (10)72 (11)121 (12)36 (13)55 (14)99 (15)120 (16)48 (17)16 (18)20 (19)48 (20)27 (21)27 (22)40 (23)81 (24)8 (25)48 (26)40 (27)121 (28)45 (29)25 (30)12 (31)11 (32)5 (33)60 (34)108 (35)22 (36)50 (37)72 (38)77 (39)56 (40)49

Page 71, :
(1)24 (2)30 (3)77 (4)100 (5)8 (6)56 (7)72 (8)2 (9)9 (10)6 (11)6 (12)84 (13)16 (14)36 (15)25 (16)60 (17)70 (18)110 (19)24 (20)48 (21)72 (22)35 (23)66 (24)6 (25)10 (26)132 (27)42 (28)40 (29)81 (30)90 (31)12 (32)20 (33)1 (34)4 (35)121 (36)16 (37)42 (38)24 (39)72 (40)32

116

Page 72, :
(1)40 (2)63 (3)12 (4)30 (5)6 (6)18 (7)30 (8)16 (9)8 (10)18 (11)36 (12)99 (13)110 (14)4 (15)40 (16)40 (17)12 (18)12 (19)22 (20)30 (21)24 (22)81 (23)40 (24)80 (25)4 (26)6 (27)60 (28)40 (29)84 (30)55 (31)4 (32)10 (33)9 (34)144 (35)56 (36)15 (37)11 (38)42 (39)12 (40)54

Page 73, :
(1)12 (2)24 (3)24 (4)132 (5)15 (6)50 (7)48 (8)24 (9)48 (10)108 (11)96 (12)9 (13)4 (14)30 (15)50 (16)24 (17)40 (18)9 (19)8 (20)14 (21)99 (22)16 (23)15 (24)12 (25)3 (26)21 (27)40 (28)11 (29)24 (30)48 (31)54 (32)66 (33)80 (34)36 (35)33 (36)50 (37)60 (38)70 (39)36 (40)80

Page 74, :
(1)4 (2)16 (3)132 (4)24 (5)120 (6)18 (7)24 (8)110 (9)49 (10)54 (11)84 (12)2 (13)77 (14)18 (15)30 (16)77 (17)22 (18)12 (19)48 (20)28 (21)55 (22)21 (23)96 (24)28 (25)70 (26)24 (27)10 (28)14 (29)84 (30)90 (31)30 (32)60 (33)30 (34)60 (35)21 (36)3 (37)48 (38)12 (39)27 (40)40

Page 75, :
(1)20 (2)14 (3)49 (4)54 (5)12 (6)72 (7)84 (8)49 (9)6 (10)40 (11)28 (12)20 (13)36 (14)120 (15)2 (16)9 (17)48 (18)36 (19)30 (20)60 (21)35 (22)8 (23)20 (24)9 (25)120 (26)72 (27)18 (28)88 (29)30 (30)90 (31)132 (32)21 (33)40 (34)30 (35)3 (36)36 (37)11 (38)24 (39)5 (40)66

Page 76, :
(1)96 (2)5 (3)6 (4)18 (5)9 (6)50 (7)27 (8)12 (9)55 (10)24 (11)108 (12)28 (13)10 (14)99 (15)45 (16)120 (17)24 (18)25 (19)11 (20)3 (21)12 (22)63 (23)40 (24)32 (25)50 (26)45 (27)64 (28)60 (29)12 (30)132 (31)99 (32)12 (33)33 (34)16 (35)132 (36)30 (37)72 (38)14 (39)36 (40)72

Page 77, :
(1)6 (2)54 (3)48 (4)60 (5)36 (6)6 (7)70 (8)27 (9)8 (10)70 (11)33 (12)6 (13)108 (14)33 (15)33 (16)4 (17)120 (18)100 (19)12 (20)99 (21)6 (22)12 (23)7 (24)6 (25)30 (26)63 (27)16 (28)54 (29)60 (30)110 (31)27 (32)5 (33)33 (34)132 (35)36 (36)24 (37)40 (38)144 (39)44 (40)2

Page 78, :
(1)21 (2)12 (3)48 (4)49 (5)4 (6)108 (7)10 (8)24 (9)84 (10)42 (11)80 (12)72 (13)35 (14)77 (15)72 (16)36 (17)77 (18)66 (19)90 (20)3 (21)50 (22)36 (23)8 (24)66 (25)77 (26)24 (27)16 (28)33 (29)9 (30)72 (31)22 (32)30 (33)6 (34)11 (35)40 (36)64 (37)64 (38)120 (39)77 (40)108

Page 79, :
(1)8 (2)77 (3)36 (4)6 (5)12 (6)50 (7)24 (8)35 (9)108 (10)90 (11)6 (12)77 (13)48 (14)24 (15)64 (16)18 (17)30 (18)24 (19)3 (20)30 (21)48 (22)80 (23)16 (24)49 (25)12 (26)10 (27)54 (28)72 (29)12 (30)55 (31)1 (32)24 (33)48 (34)36 (35)9 (36)56 (37)28 (38)12 (39)20 (40)55

Page 80, :
(1)100 (2)21 (3)132 (4)36 (5)6 (6)7 (7)70 (8)40 (9)35 (10)8 (11)8 (12)56 (13)6 (14)18 (15)36 (16)45 (17)36 (18)14 (19)36 (20)1 (21)20 (22)8 (23)8 (24)110 (25)84 (26)66 (27)21 (28)30 (29)40 (30)11 (31)12 (32)8 (33)96 (34)60 (35)28 (36)6 (37)40 (38)3 (39)36 (40)88

Page 81, :
(1)60 (2)30 (3)33 (4)15 (5)16 (6)36 (7)25 (8)36 (9)12 (10)36 (11)36 (12)18 (13)56 (14)20 (15)40 (16)55 (17)20 (18)3 (19)16 (20)33 (21)10 (22)90 (23)16 (24)2 (25)70 (26)33 (27)110 (28)33 (29)144 (30)70 (31)108 (32)27 (33)16 (34)1 (35)10 (36)36 (37)42 (38)9 (39)10 (40)60

Page 82, :
(1)54 (2)108 (3)10 (4)45 (5)24 (6)96 (7)8 (8)56 (9)90 (10)8 (11)63 (12)63 (13)11 (14)1 (15)12 (16)36 (17)96 (18)8 (19)32 (20)36 (21)22 (22)90 (23)45 (24)70 (25)50 (26)64 (27)110 (28)4 (29)56 (30)18 (31)7 (32)14 (33)8 (34)32 (35)8 (36)27 (37)20 (38)64 (39)100 (40)22

Page 83, :
(1)24 (2)44 (3)24 (4)7 (5)72 (6)16 (7)12 (8)21 (9)80 (10)108 (11)66 (12)121 (13)72 (14)63 (15)16 (16)50 (17)99 (18)10 (19)33 (20)72 (21)60 (22)110 (23)8 (24)33 (25)72 (26)80 (27)24 (28)60 (29)56 (30)2 (31)100 (32)44 (33)36 (34)32 (35)5 (36)14 (37)80 (38)14 (39)9 (40)8

Page 84, :
(1)36 (2)12 (3)8 (4)9 (5)11 (6)36 (7)96 (8)55 (9)88 (10)25 (11)108 (12)45 (13)4 (14)121 (15)9 (16)60 (17)48 (18)48 (19)24 (20)24 (21)64 (22)110 (23)24 (24)11 (25)120 (26)32 (27)6 (28)33 (29)10 (30)72 (31)110 (32)5 (33)77 (34)27 (35)100 (36)45 (37)18 (38)110 (39)99 (40)20

Page 85, :
(1)44 (2)25 (3)40 (4)27 (5)77 (6)50 (7)12 (8)120 (9)84 (10)144 (11)14 (12)2 (13)33 (14)36 (15)9 (16)14 (17)27 (18)44 (19)44 (20)12 (21)6 (22)60 (23)8 (24)100 (25)12 (26)3 (27)16 (28)80 (29)12 (30)44 (31)11 (32)56 (33)10 (34)28 (35)70 (36)30 (37)48 (38)18 (39)28 (40)54

Page 86, :
(1)31 (2)1 (3)2 (4)38 (5)7 (6)9 (7)17 (8)41 (9)31 (10)17 (11)55 (12)71 (13)61 (14)71 (15)13 (16)5 (17)16 (18)23 (19)2 (20)60 (21)30 (22)7 (23)27 (24)42 (25)13 (26)34 (27)13 (28)8 (29)2 (30)21 (31)27 (32)21 (33)23 (34)11 (35)3 (36)7 (37)14 (38)2 (39)11 (40)9

Page 87, :
(1)23 (2)59 (3)17 (4)13 (5)2 (6)4 (7)4 (8)14 (9)17 (10)33 (11)48 (12)1 (13)38 (14)37 (15)13 (16)7 (17)15 (18)35 (19)14 (20)19 (21)58 (22)1 (23)8 (24)11 (25)37 (26)25 (27)17 (28)1 (29)67 (30)5 (31)45 (32)11 (33)16 (34)19 (35)29 (36)1 (37)34 (38)25 (39)14 (40)5

Page 88, :
(1)13 (2)1 (3)71 (4)11 (5)8 (6)35 (7)2 (8)5 (9)17 (10)29 (11)8 (12)34 (13)20 (14)41 (15)35 (16)28 (17)2 (18)3 (19)19 (20)23 (21)53 (22)45 (23)50 (24)21 (25)7 (26)12 (27)65 (28)8 (29)14 (30)26 (31)10 (32)12 (33)1 (34)17 (35)25 (36)5 (37)13 (38)3 (39)22 (40)71

Page 89, :
(1)10 (2)7 (3)39 (4)28 (5)30 (6)4 (7)5 (8)45 (9)9 (10)13 (11)23 (12)2 (13)67 (14)3 (15)9 (16)59 (17)25 (18)43 (19)1 (20)18 (21)31 (22)18 (23)8 (24)8 (25)31 (26)41 (27)32 (28)17 (29)24 (30)12 (31)17 (32)6 (33)35 (34)19 (35)1 (36)11 (37)6 (38)1 (39)37 (40)51

Page 90, :
(1)10 (2)65 (3)2 (4)57 (5)25 (6)17 (7)13 (8)35 (9)11 (10)54 (11)44 (12)31 (13)38 (14)10 (15)13 (16)5 (17)10 (18)11 (19)17 (20)13 (21)17 (22)41 (23)13 (24)4 (25)13 (26)53 (27)13 (28)63 (29)4 (30)59 (31)14 (32)13 (33)7 (34)4 (35)8 (36)7 (37)5 (38)26 (39)14 (40)6

Page 91, :
(1)11 (2)38 (3)3 (4)25 (5)67 (6)3 (7)64 (8)43 (9)12 (10)23 (11)4 (12)21 (13)4 (14)54 (15)31 (16)7 (17)28 (18)16 (19)1 (20)1 (21)11 (22)62 (23)31 (24)13 (25)36 (26)17 (27)7 (28)40 (29)17 (30)71 (31)23 (32)4 (33)17 (34)5 (35)56 (36)1 (37)17 (38)15 (39)1 (40)15

Page 92, :
(1)9 (2)17 (3)18 (4)16 (5)13 (6)5 (7)23 (8)30 (9)34 (10)25 (11)17 (12)41 (13)7 (14)17 (15)11 (16)11 (17)34 (18)26 (19)5 (20)41 (21)13 (22)31 (23)14 (24)67 (25)15 (26)10 (27)8 (28)24 (29)8 (30)19 (31)25 (32)31 (33)19 (34)37 (35)16 (36)26 (37)2 (38)4 (39)19 (40)56

Page 93, :
(1)2 (2)35 (3)54 (4)13 (5)13 (6)10 (7)11 (8)28 (9)23 (10)5 (11)11 (12)23 (13)71 (14)4 (15)25 (16)5 (17)13 (18)7 (19)18 (20)17 (21)28 (22)29 (23)61 (24)47 (25)34 (26)35 (27)16 (28)10 (29)62 (30)14 (31)13 (32)29 (33)17 (34)2 (35)7 (36)23 (37)62 (38)13 (39)50 (40)1

Page 94, :
(1)17 (2)10 (3)9 (4)59 (5)1 (6)21 (7)4 (8)11 (9)33 (10)2 (11)3 (12)2 (13)61 (14)9 (15)13 (16)47 (17)10 (18)29 (19)15 (20)1 (21)25 (22)31 (23)11 (24)9 (25)19 (26)67 (27)25 (28)14 (29)19 (30)2 (31)37 (32)37 (33)14 (34)17 (35)17 (36)2 (37)1 (38)17 (39)71 (40)1

Page 95, :
(1)59 (2)13 (3)13 (4)29 (5)19 (6)4 (7)7 (8)53 (9)15 (10)8 (11)9 (12)4 (13)41 (14)29 (15)28 (16)47 (17)17 (18)22 (19)56 (20)67 (21)22 (22)1 (23)2 (24)11 (25)20 (26)8 (27)23 (28)7 (29)13 (30)19 (31)21 (32)2 (33)13 (34)12 (35)9 (36)3 (37)16 (38)59 (39)10 (40)7

Page 96, :
(1)11 (2)59 (3)1 (4)8 (5)50 (6)3 (7)25 (8)31 (9)53 (10)37 (11)12 (12)3 (13)10 (14)13 (15)5 (16)30 (17)19 (18)2 (19)5 (20)15 (21)2 (22)6 (23)8 (24)32 (25)45 (26)7 (27)19 (28)13 (29)17 (30)15 (31)67 (32)23 (33)16 (34)11 (35)35 (36)9 (37)5 (38)26 (39)2 (40)17

Page 97, :
(1)25 (2)34 (3)5 (4)5 (5)1 (6)2 (7)4 (8)8 (9)34 (10)37 (11)39 (12)35 (13)2 (14)5 (15)7 (16)29 (17)23 (18)2 (19)1 (20)2 (21)50 (22)23 (23)48 (24)19 (25)5 (26)38 (27)11 (28)13 (29)10 (30)17 (31)3 (32)71 (33)9 (34)34 (35)21 (36)67 (37)67 (38)14 (39)2 (40)11

Page 98, :
(1)19 (2)3 (3)15 (4)21 (5)19 (6)29 (7)66 (8)47 (9)13 (10)59 (11)1 (12)61 (13)17 (14)16 (15)19 (16)17 (17)16 (18)1 (19)68 (20)5 (21)19 (22)7 (23)11 (24)7 (25)29 (26)4 (27)26 (28)31 (29)20 (30)14 (31)1 (32)31 (33)23 (34)13 (35)37 (36)41 (37)31 (38)34 (39)1 (40)16

Page 99, :
(1)2 (2)14 (3)7 (4)13 (5)67 (6)5 (7)12 (8)10 (9)17 (10)6 (11)3 (12)34 (13)4 (14)23 (15)13 (16)61 (17)13 (18)45 (19)9 (20)5 (21)7 (22)9 (23)37 (24)14 (25)1 (26)61 (27)5 (28)1 (29)8 (30)13 (31)2 (32)7 (33)37 (34)43 (35)2 (36)11 (37)41 (38)11 (39)10 (40)4

Page 100, :
(1)13 (2)1 (3)2 (4)1 (5)53 (6)7 (7)19 (8)21 (9)39 (10)19 (11)10 (12)13 (13)1 (14)5 (15)33 (16)9 (17)26 (18)14 (19)43 (20)47 (21)17 (22)26 (23)43 (24)42 (25)19 (26)47 (27)2 (28)9 (29)3 (30)8 (31)29 (32)44 (33)6 (34)13 (35)1 (36)5 (37)21 (38)37 (39)14 (40)5

Page 101, :
(1)7 (2)9 (3)25 (4)27 (5)19 (6)13 (7)13 (8)17 (9)17 (10)8 (11)4 (12)16 (13)29 (14)2 (15)61 (16)42 (17)31 (18)25 (19)1 (20)21 (21)12 (22)2 (23)1 (24)5 (25)67 (26)1 (27)9 (28)12 (29)58 (30)50 (31)9 (32)23 (33)29 (34)39 (35)13 (36)71 (37)16 (38)17 (39)15 (40)31

Page 102, :
(1)61 (2)1 (3)5 (4)4 (5)57 (6)45 (7)7 (8)7 (9)17 (10)23 (11)5 (12)17 (13)23 (14)4 (15)7 (16)46 (17)56 (18)18 (19)13 (20)7 (21)1 (22)30 (23)26 (24)17 (25)48 (26)29 (27)2 (28)1 (29)19 (30)4 (31)11 (32)7 (33)35 (34)14 (35)22 (36)7 (37)71 (38)20 (39)13 (40)13

Page 103, :
(1)1 (2)2 (3)3 (4)24 (5)9 (6)29 (7)7 (8)13 (9)41 (10)11 (11)2 (12)11 (13)18 (14)17 (15)33 (16)17 (17)26 (18)10 (19)49 (20)7 (21)35 (22)53 (23)63 (24)26 (25)5 (26)19 (27)5 (28)13 (29)1 (30)21 (31)27 (32)29 (33)3 (34)31 (35)19 (36)5 (37)17 (38)7 (39)23 (40)23

Page 104, :
(1)29 (2)2 (3)6 (4)1 (5)13 (6)6 (7)37 (8)3 (9)71 (10)69 (11)55 (12)36 (13)23 (14)1 (15)1 (16)7 (17)28 (18)27 (19)1 (20)47 (21)11 (22)30 (23)29 (24)3 (25)1 (26)2 (27)13 (28)7 (29)15 (30)5 (31)48 (32)15 (33)5 (34)38 (35)3 (36)19 (37)23 (38)7 (39)6 (40)19

Page 105, :
(1)36 (2)13 (3)7 (4)34 (5)14 (6)25 (7)37 (8)3 (9)2 (10)2 (11)18 (12)2 (13)14 (14)31 (15)29 (16)17 (17)19 (18)34 (19)7 (20)3 (21)2 (22)22 (23)19 (24)34 (25)22 (26)51 (27)17 (28)1 (29)25 (30)7 (31)2 (32)43 (33)11 (34)14 (35)9 (36)23 (37)5 (38)42 (39)14 (40)1

Page 106, :
(1)3 (2)31 (3)22 (4)4 (5)49 (6)9 (7)17 (8)13 (9)9 (10)19 (11)39 (12)33 (13)9 (14)1 (15)13 (16)41 (17)10 (18)2 (19)68 (20)29 (21)2 (22)17 (23)11 (24)48 (25)47 (26)1 (27)41 (28)51 (29)59 (30)5 (31)3 (32)14 (33)11 (34)29 (35)26 (36)22 (37)68 (38)31 (39)6 (40)10

Page 107, :
(1)2 (2)9 (3)14 (4)41 (5)20 (6)39 (7)26 (8)41 (9)7 (10)11 (11)25 (12)2 (13)1 (14)23 (15)64 (16)1 (17)37 (18)26 (19)7 (20)27 (21)1 (22)9 (23)7 (24)9 (25)19 (26)2 (27)6 (28)11 (29)14 (30)13 (31)53 (32)1 (33)31 (34)34 (35)43 (36)9 (37)37 (38)47 (39)21 (40)3

Page 108, :
(1)8 (2)1 (3)1 (4)19 (5)62 (6)52 (7)38 (8)19 (9)17 (10)34 (11)17 (12)5 (13)19 (14)58 (15)1 (16)39 (17)41 (18)17 (19)53 (20)9 (21)19 (22)34 (23)46 (24)1 (25)1 (26)9 (27)32 (28)11 (29)7 (30)19 (31)9 (32)6 (33)25 (34)2 (35)2 (36)21 (37)13 (38)19 (39)17 (40)4

Page 109, :
(1)58 (2)22 (3)29 (4)20 (5)34 (6)17 (7)9 (8)17 (9)57 (10)19 (11)7 (12)17 (13)2 (14)59 (15)11 (16)59 (17)27 (18)11 (19)1 (20)11 (21)3 (22)67 (23)68 (24)25 (25)11 (26)31 (27)31 (28)9 (29)21 (30)11 (31)19 (32)19 (33)61 (34)13 (35)12 (36)2 (37)27 (38)3 (39)3 (40)5

Page 110, :
(1)19 (2)5 (3)23 (4)14 (5)1 (6)2 (7)7 (8)17 (9)38 (10)19 (11)37 (12)17 (13)34 (14)13 (15)64 (16)17 (17)14 (18)19 (19)2 (20)13 (21)9 (22)4 (23)36 (24)23 (25)14 (26)61 (27)11 (28)37 (29)46 (30)1 (31)2 (32)31 (33)19 (34)17 (35)62 (36)47 (37)5 (38)4 (39)26 (40)36

FREE WORD SEARCH PACK

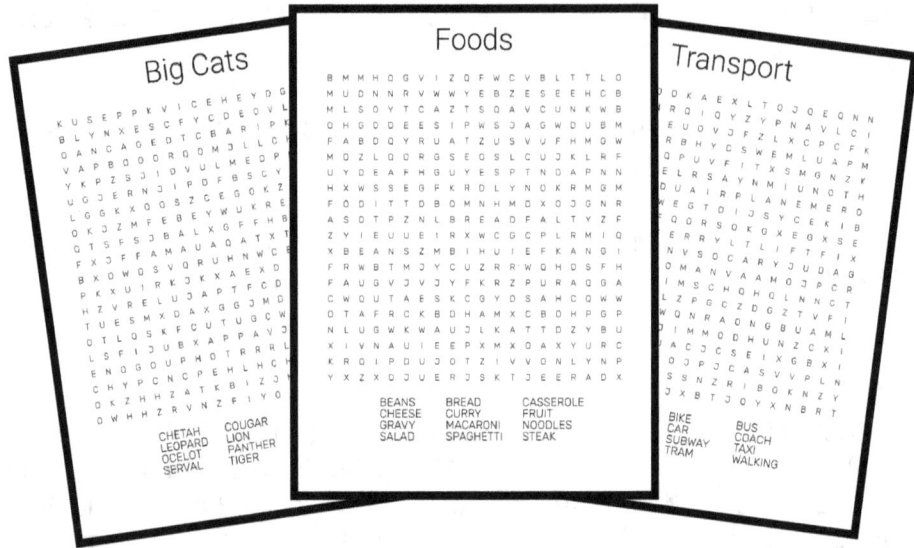

Simply scan the QR code below to get your FREE Word Search pack.